ドッグマッサージ
実践テクニックBOOK
この一冊で基本から応用まで

一般社団法人アニマルライフパートナーズ協会代表 山田りこ 監修

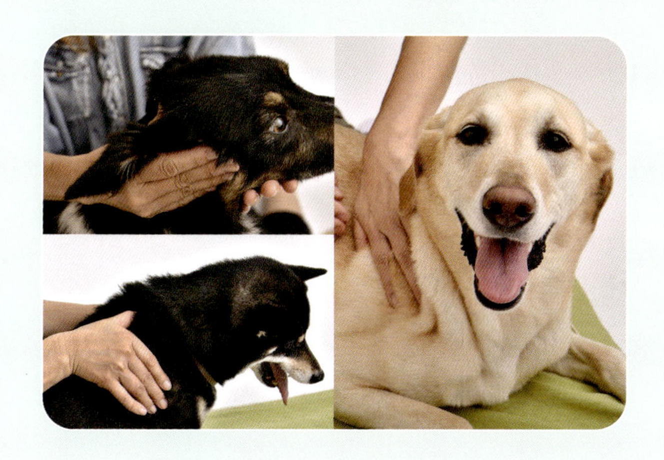

メイツ出版

はじめに

犬のためにできることがあります。

それは道具も何も必要ありません。

正しい知識と優しい手と心だけを必要とします。

犬にマッサージをする、それは人にマッサージをするのとは大きく違って、

犬との調和を必要とします。

犬は「ここが痛いから、少し痛くてもお願いします」とは言いません。

犬の緊張を取り、自らがリラックスをしないと、

緊張してガチガチの筋肉へのマッサージはかえってダメージを与え

逆効果になってしまいます。

この本では、犬の感情表現が書かれているのはそのためです。

犬に対して一方通行の施術にならないよう、

ハーモニーを持ったマッサージをしてください。

またマッサージをする上で、解剖学、

アプローチをする筋肉の正しい位置を知ることがとても重要です。

きっと、この本を通して犬の骨格や筋肉に

もっと興味を持っていただけることと思います。

マッサージやプレイズタッチ※を

犬の健康維持、増進に役立てていただければ幸いです。

※プレイズタッチ……解剖学的な知識は必要とせず、誰にでもできる、
皮膚に優しくタッチしていくタッチケアの一つ。

ボディケアを行なう前に

心と体の準備

1 イヌの反応を観察する

マッサージを行なっているときに、手元や局所ばかりに気を取られず、イヌの全体の様子(表情、目線、声、しぐさなど)を観察し、心地良く感じているか、不安や違和感を感じていないかなど、イヌの反応を注意深く観察します。もし、イヌが不快感を示していたら、施術をしている力を弱めたり、部位や方法を変えます。また、施術者自身が緊張して手に力が入り過ぎていないか、呼吸や姿勢を振り返ります。それでもネガティブなサインを見せるようなら、無理には行なわず、最後にストロークをして終わります。

2 リラックスできる環境で行なう

イヌがリラックスして施術を受けられるような環境作りが大切です。人の出入りが多かったり、騒音のある場所は避けましょう。他に動物がいる場合には遠ざけてリラックスできる環境を作ります。大きなクッションやマットを用意してイヌが心地良く横になれるようにし、そしてイヌが自由に身体を動かせるようにします。また、施術する人自身も落ち着ける場所を選びましょう。リラックスできる音楽をかけるのも良いアイデアです。

3 部屋の温度調整を

部屋の温度調整も大切です。寒い季節には暖房をしていますが、イヌは体内に熱がこもりやすいので部屋を暖め過ぎないようにします。マッサージで血流が良くなり体がポカポカと温まります。夏場の暑い時期は部屋の空気がこもらないように自然の風を入れたり、空調や扇風機、除湿機で室温、湿度を快適に保ちます。イヌの平熱は38.5℃前後で人より2～3℃高いので、イヌにとっての快適な室温をいつも意識するようにします。

4 術者の心構え

施術者が緊張して呼吸が浅くなったり、手に力が入っているとイヌが緊張します。イヌに手を触れる際には深い自然な呼吸を心掛け、身体の余分な力を抜いてリラックスしましょう。眼を閉じて数回深呼吸をするのも良いでしょう。静かなトーンで声掛けをし、明るい気持ちで施術することによってイヌに安心感を与えることができるでしょう。

5 施術者の姿勢

良い姿勢を維持するために以下のことを確認しましょう。

★イヌに覆いかぶさるような姿勢にならないように。
★頭は真っすぐにして下げないようにする。
★ 肩の力は抜いてしなやかな動きができるようにする。
★首を緊張させないようにする。
★イヌから遠過ぎず、近過ぎず、腕を伸ばして少し肘が曲がる距離にする。
★一点を見つめず、イヌの体全体を見るようにする（周辺視野）。
★ストロークなど、大きな動きをするときは手先を動かすのではなく肩から全体を移動させるようなイメージで行なう。
★楽な安定した座り方をする。膝に痛みなどがあり座るのが辛い人は、工夫をして少し高さのあるマッサージテーブルなどを利用するのも良い。
★横臥位になっているイヌの体と施術者の両腕が円を描くような体勢をとると互いの距離も安定する。

6 あなた自身の手首、肩、首をほぐしておきましょう

あなた自身がリラックスできていないと身体も固くなっています。マッサージを施術する手が柔らかく、心地良い手になるように前もって洗ってほぐしておきましょう。

7 アクセサリー、時計などは外して楽な服装で

指輪がイヌの毛にからまったり、長いネックレスはマッサージの際に邪魔になってしまいます。体をしめ付けない洋服でリラックスしましょう。

8 爪は短くしておこう

長い爪もイヌの毛にひっかかってしまったり、イヌの敏感な皮膚を刺激してしまいます。爪は短く切り揃えておきます。

9 圧力

常に軽い圧力からはじめ、イヌの反応を見ながら少しずつ力を加えていくようにします。急に圧力をかけ過ぎると筋線維にダメージを与えることがあるため、圧力を加えていくときはイヌの反応をよく見ることが大切です。肘や膝など関節の周りは常に軽い圧で触れていくようにします。

＜圧を加えるときは以下のことを考慮しましょう＞

•イヌの感受性
•過去にトラウマがある部位
•イヌの年齢
•イヌのその日の状態、体調
•身体の部位（厚い筋肉に圧を加える、薄くてデリケートな部位には軽い圧というように）

10 触り方

イヌに手を当てるときは、急に身体をつかむのではなく、やさしく軽く手を置くようにします。また、マッサージの途中、イヌの身体から手が完全に離れないように、どちらかの手が必ず身体に触れているようにします。手技を変えるとき、部位を移るときもスムーズに行ないます。途中でマッサージの手の動きが止まったり、手の温かさが途切れることで、イヌは 不安になり、リラックスの妨げとなります。 マッサージをしていないほうの手に気を配りましょう。

11 リズムとスピード

流れるようなリズムの安定感のあるマッサージはイヌをリラックスさせます。流れるようなリズムでマッサージができるように音楽をかけて練習するのも良いでしょう。手を動かすスピードも考慮しましょう。

1 リズミカルなゆっくりした手の動きは落ち着きとリラックスを与えます。
2 適切な早い動きのマッサージは刺激的で活力を与えます。また筋肉をより温めます。
3 急な動きはイヌに不安を与えます。
4 早くて乱暴な手の動きはイヌを疲れさせます。

12 時間

イヌの大きさ、マッサージを行なう部位によって変わります。
一つの部位に時間をかけ過ぎないように。 イヌの様子をうかがいながら進めていきます。慣れないうちは少しの時間から慣れさせていき、なるべく身体全体をマッサージします。

Contents

Part 3 機能を回復させるボディケア

パートナーの笑顔のために

Part 1
イヌの心と体を学ぶ

・イヌの行動心理を知る
・イヌの体の仕組みを知る

イヌの社会行動と本能的行動を理解していこう

イヌはオオカミとは異なる方向に進化

イヌは私たち人と一緒に暮らし、その存在は友達であり、家族ですが、人とは違う“動物”です。

擬人化して接してしまうことがありますが、イヌにはイヌという動物としての生き方があります。

イヌはオオカミを祖先にもっているため、共通する行動は多く見受けられますが、人と共に生活し、人の都合に合わせて改良育種されてきているため、オオカミの行動とはかなり変化しています。

純血種たちは、人間の都合と作業目的によって選択交配され、長い時間をかけて育種されてきました。体の構成、被毛の長さ、毛色、頭部の形、口吻の長さ、耳の形状、脚の長さ、気質など、人が目的とする作業に使いやすいかどうか、用途によって、形態的特徴だけでなく、行動特性、資質も異なる方向に変化してきたと言われています。

犬種によって、行動特性が違うことはもとより、個々のイヌの行動にも個体差があります。同じ犬種であっても、個々により、行動に差があります。イヌの行動や心理を理解していくには、以下のことを頭に入れておくといいでしょう。

- イヌは人により改良育種されてきているので、ルーツをオオカミに持つが、その行動からはかなり変化している。
- 犬種により行動特性が異なるので、犬種の特性を理解しよう。
- 同犬種であっても、血統の違いなどから個体差がある。
- 家族は所属する“群れ”であり、仲間であって縦社会ではない。
- イヌの優位性と服従性はその時の状況によって変化する。

本能的な行動

イヌは高度な社会性動物であり、所属するさまざまな“群れ”のなかでムダな争いをしないために、ボディランゲージやストレス・サインを表現します。それは明確に分かるものと、微妙な表情や動きによる一瞬の仕種のものとがあります。よく観察していないと分かりにくいかもしれません。

行動の根底にあるのは、“優位関係”

です。その時の状況によって変化し、イヌは優位性や服従性を示す行動が見られます。いわゆるボディランゲージであり、人に対してもこの行動は見られます。

　本能的なものには以下のような行動があります。

「なわばり性行動」、「排泄行動」、「捕食性行動」、「遊技行動」、「探索行動」、「繁殖行動」、「出産行動」、が挙げられます。これらの行動は、聴覚・視覚・嗅覚を使い、生存していくための行動であり、自然界のなかで限られた資源をめぐり、群れのメンバー間にムダな争いが起こることを予防するための本質的行動となります。

なわばり性行動	自分の住む家や庭をなわばり(テリトリー)として、近付いてくる人や動物などに対して吠えたり、飛びかかったりする。その行動は、テリトリーの中心よりも境界線で激しい。
排泄行動	生まれたばかりの新生子期では母親が排泄を促し舐め取るが、約1カ月ぐらいすると自分から寝床から離れた場所で排泄をするようになる。オオカミも同様で、他の動物に見つからないように巣穴から離れた場所に排泄をする。
捕食性行動	例えば、ネコや小鳥などを追いかけたり、ボール、走っている人やバイクを追いかけるなどの行動に見られる。動くものを追う、という行動は、捕食性行動の変化したもの。
遊技行動	子犬でも成犬でも、イヌ同士がじゃれあって遊ぶ行動がみられる。特に子犬期には大切で、じゃれ加減を理解するなどの必要なトレーニングとなる。
探索行動	地面やさまざまな場所の匂いを嗅ぐ探索行動は、イヌにとって楽しい行動の一つ。家庭犬であれば、散歩が探索行動のチャンス。イヌとして自然な好奇心と情報収集としての本能を満足させるものとなる。匂いを嗅ぐ行動は、脳にも有効。
繁殖行動	イヌは生後1年ほどで繁殖能力を備えるようになる。メスの発情期には頻繁に排尿をする傾向がある。尿のなかには生化学物質が排出されていて、それを嗅ぐことで性別や性ホルモンの状態などの情報を読み取ることができる。メスは交配適期ともなるとオスを受け入れるようになる。交配はオスがメスにマウントした後、ロッキングというお尻とお尻をくっつけた状態となる。
出産行動	受胎が成立し、約2カ月の妊娠期間を経て出産となる。メスは安全で落ち着ける場所を探して選び、出産しようとする。人と生活しているイヌであれば、自宅や犬舎の静かな場所に巣箱を設置してもらい、そこで出産となる。

感情表現を“ボディランゲージ”から読み取ろう

ポイントは“全身から読み取る”

イヌは人の言葉を理解したり、感情を読み取ったりと、人とのコミュニケーション能力がとても優秀な動物です。

イヌの感情を読み取るには、目、口の開け方、耳や尻尾の位置と動き、被毛の状態、吠えるトーンなど、複合的に読み取り理解することが大切です。イヌ同士は相手の全身を観て感じ取り判断しているものです。しかし、人は一部分だけを見て感情を判断してしまいがち。逆の解釈をしてしまうこともあります。

3つの感情表現

ボディランゲージで表現される感情は、「興奮」「怒り」「不安」の3つがあります。それぞれの感情表現には似通った部分もあれば、明らかに違う表現もあります。

1　興奮

その度合は、「うれしい」「楽しい」「期待する」といったものから、攻撃に転じてしまう興奮もあります。もっとも分かりやすいシグナルは尾の振り方。うれしいときや人や他のイヌに対して友好的なときは尾を左右に大きく振ります。しかし、尾を上に立てて小刻みに振っているときは警戒心が高まっている興奮の状態です。その他、ハアハアと息が荒くなるパンティングやバタバタと動きが早くて落ち着かない、何度も同じ行動を繰り返す、などがあります。

2　怒り・威嚇

自分に自信のあるイヌは、敵対的行動として威厳ある態度で頭部と尾を高く保持し、犬歯をむき出すようにして、小さく低い声で唸ります。尾は小刻みに振ります。

3　不安・恐怖

耳を後ろに引いて寝かせています。尾は股の間に巻き込まれ、頭部や腰を下げて姿勢を低くします。口角を引いて奥歯まで見せる場合もあります。怯えているイヌの唸り声は音程に高低があり、人にもよく聞き取れるぐらいの声になります。攻撃がしたいわけではなく、できればこの場から去りたい…という気持ちで唸るわけで、警戒心から必死に吠えたてることもあります。

▲不安・怯えのシグナル

口角を引いて奥歯を見せる
尾を股の下に巻き込む

▲興奮の動き

イヌは落ち着きがなく、動きが速い。同じ行動を繰り返したり一つのことに執着しているようなら興奮状態と言える。

▲威嚇のシグナル

犬歯を目立つように見せる。背中の毛が逆立つ。尻尾を立ち上げる。耳は力強く前を向く。

▲尾の高さと動きで表現する、そのときの気持ち

イヌの行動心理を知る

イヌをよく観察し、対立を予防するための“ストレス・サイン”を読み取る

他者とは「対立したくない」のサイン

イヌが発信するボディランゲージの種類はたくさんあります。そのなかで、イヌ自身が何らかのストレスを感じているとき、自分を落ち着かせる、クールダウンさせるための行動が“ストレス・サイン”になります。

人の場合は、緊張すると貧乏ゆすりをしたり、指を動かしてみたり、緊張をほぐそうとして、その場には関係のない動きをすることがあります(転位行動)。

イヌも同様で、例えば「鼻を舐める」「体をブルブル振る」「あくびをする」「後肢で体をかく」「足先を舐め続ける」といった行動です。

しつけや訓練などのトレーニングの最中に、飼い主が大きな声で指示を出したらあくびをした、散歩の途中でリードを引いて指示を出したら体をブルブル振った、など、緊張した自分を落ち着かせる、または相手を落ち着かせようとしているのです。

ストレス・サインを理解することは、イヌの今の気持ちを汲み取り、次の行動への対処の判断材料になります。日常生活のなかで、そのときその状況でイヌたちはサインを出しているのですが、飼い主自身もストレスがかかっているため、見逃すことが多くなってしまいます。

イヌにとってのストレスとは？

ストレスの原因にはさまざまことが

ストレスを感じること

・心理的ストレス
不安、孤独、恐怖、緊張、不満、自信喪失、興奮、退屈など
・環境によるストレス
気温、寒暖差、気圧、騒音、匂い、明るさ、悪臭、パソコン、ルールのない接し方や過剰な要求、家族の変化など
・身体的ストレス
運動不足、病気、空腹、渇き、かゆみ、痛み、疲労、排泄の我慢など

考えられます。適度な刺激は、精神的にも肉体的にも適応力を高めていくことにつながりますが、過度な刺激はストレスとなり、精神的・肉体的に影響を及ぼしたり、問題となる行動にもつながりかねません。

一定のストレスは、私たちにエネルギーを与え、活動的にさせてくれる必要不可欠なホルモンを生成します。しかし､そのストレスが過剰であったり、長期間続くことで体や心、そしてイヌの行動にさまざまな影響を与えてしまいます。

なかでも、人と一緒に暮らすイヌたちは、人では気が付かないことがストレスになっていたりします。人とイヌでは、心地よいと感じる程度に差があるため、私たちにとって快適でも、イヌにはそうではないことがあります。イヌは嗅覚・視覚・触覚・聴覚など、感覚器官は人とはあきらかに違うということを、理解してあげましょう。

ストレスを解放してあげるには、適度な散歩や運動も大切ですが、まずは原因をできるだけ取り除くことです。また、たくさんの経験を積む社会化を体験させてあげることで、適応力が培われます。

ストレスは交感神経を優位にさせてしまうので、マッサージやボディケアをすることで、リラックスし副交感神経を刺激、自律神経(交感神経と副交感神経がセットになっている)のバランスを整えていきます。

ストレスフリーの実践

1 **お散歩や外出**…イヌにとってお散歩は大切な日課。体のサイズに関わらず、運動量は必要。外の情報を収集することも大切。脳にとっても筋肉にとっても外での散歩や運動は刺激であり、必要不可欠なこと。

2 **社会化**…………年齢に関係なく、一緒に外出したり旅行したりといった、たくさんの経験をさせてあげることは、ストレスに対して適応力がつくことにつながる。

3 **ボディケア**……マッサージやタッチケアなどをトリートメントすることで、全身をリラックスさせることは、自律神経のバランスを安定させ、血流を良くして、自然治癒力をあげていく。

イヌの行動心理を知る

感情に伴う体の部位の変化に、気付いていこう

額
- しわがよる
  不安、緊張
- つっぱる
  緊張、恐怖

耳
- 前に向く
  口吻、緊張
- ニュートラル(本来の形)
  リラックス
- 後ろに向く
  恐怖
- しわがよる
  不安

頭
- うつむく
  不安
- なるべく高い位置にする
  攻撃的、緊張
- 横にかしげる
  興味
- 肢の上に乗せる
  リラックス

目
- ウェールアイ
  不安、恐怖
- ハードアイ
  怒り、緊張
- ソフトアイ
  リラックス

鼻
- しわがよる
  攻撃的

髭
- 揺れる
  興奮、不安

口元
- 口角が引ける
  恐怖
- 口角をすぼめる
  攻撃的
- 唇がめくれ歯を見せる
  怒り
- 顎がふくれる
  攻撃的
- 口を閉める
  不安、緊張
- 呼吸が速迫(他のボディーパーツも含めて要観察)
  不安

体全体

- 低くする
  恐怖
- 前傾姿勢
  攻撃的、緊張
- 前脚の歩幅が広く頭を下げる
  攻撃的
- お腹を見せる、横になる
  リラックス

被毛の状態

- 背中の毛が逆立つ
  恐怖、攻撃的
- 体全体の毛が広がる
  攻撃的
- 尾の毛が広がる
  攻撃的

尾

- 後肢の間に入る
  恐怖
- 後肢の間で尾を振る
  不安
- 尾の先端だけ振る
  恐怖、攻撃的
- 尾を上げずにゆっくりと振る
  攻撃的
- 少し尾をカールさせて忙しく振る
  友好的
- 尾を回して振る
  友好的
- 体全体を動かし尾を振る
  興奮

足先

- 指先に力を入れて立つ
  緊張、攻撃的
- 曲げる
  不安
- 片脚を上げる
  緊張

自分と他者を落ち着かせる“カーミング・シグナル”を見逃さない

衝突を防ぐための“カーミング・シグナル”

野生で暮らすオオカミのように、イヌも、争いを避けるための社会的なスキルを持っています。それは、ストレス・サイン含め“カーミング・シグナル”と呼ばれている視覚を通したコミュニケーション方法です。視覚を通しての会話法に長けている彼らは、多様なボディランゲージを使って会話をしています。

イヌは、イヌに対しても人に対しても、争いや衝突が起こることを鎮めたり避けたりします。ストレスや不安を感じたとき、自分を落ち着かせるためです。また、他者に安心感を与え、仲よくしたいんだよ、と知らせることにも使います。

視覚によるコミュニケーションが得意な彼らは、多様なボディランゲージを使って、会話をしています。しかし、彼らのシグナルやサインは日常生活のなかでは見逃してしまうことが多々あります。彼らを理解し、友好的に接し、コミュニケーションを円滑にしていきたい場合、まずイヌをよく観察し、日常生活のなかで自分も使ってみることが大切です。イヌの気持ちを理解することは、マッサージやトレーニングのときはもちろんのこと、普段の生活全てにおいて必要です。

◆ 顔や体の向きを変える

顔を横にそむけたり、体を横や後ろに向けることは相手に対して「落ち着いて」「それはやめて」と発信している。ほんの少しの動きであったり、またははっきりと分かることもある。

◆ 目を逸らす

人がジッと見つめたり、カメラを向けたりすると目だけを逸らしたり、ふせたりするのは、「怖いよ」「仲良くしよう」といった意味がある。

◆ ゆっくり歩く、ゆったりとした動きをする

相手を落ち着かせる行動。人がイライラしていたり、強い口調になっていたりするとゆっくり動き始めることがある。または「側を通るけど、リラックスしていてね」という意味も。

◆ カーブを描いて歩く

正面から来るイヌに対して、イヌ同士はカーブを描いて歩く。これは良いマ

ナーだ。「怖くないよ、大丈夫だよ」といって近づいていくシグナル。人も応用できる。

◆ 間に割って入る

イヌが、人やイヌたちの間に割って入ることがある。これは、近付き過ぎて緊張関係にある場合などにとる行動。間に割って入ることで、緊張状態をやわらげようとしている。引っ張るよりも賢明。

◆ 子犬のような仕種

顔を舐めたり、相手の口を舐める、前肢を上げるなど、子犬のような行動をすることがある。これは、自分を小さく見せることで他者を落ち着かせようとしている。

◆ 遊びを誘うポーズ

前半身を低く伏せて腰をあげるポーズは、遊びを誘うときに使われるが、このポーズのままじっとしているようなら、相手の様子をうかがう、相手の出方を見ながら遊びに誘うとき。

◆ 匂いを嗅ぎ続ける

さまざまな状況において、新たな情報を収集し安心するまでイヌは匂いを嗅ぐことがある。自分の不安を相手に伝えるという意味もある。

◆ 固まる

他のイヌが近付いてきたとき、動かないまま体中の匂いを嗅がせていることがある。これは、自分は恐れる相手ではないよ、というシグナル。飼い主のイラついた大きな指示の声に固まって動かないことも。

◆ 鼻を舐める

側にいる飼い主や人がせかせかしたり、バタバタしていると、相手を落ち着かせようとして出すシグナル。

◆ あくびをする

人も真似できるシグナル。緊張感のある状況や場面であくびをする、飼い主が抱きしめたりかまっているときにするなど、相手を落ち着かせようとするもの。

◆ 尻尾を振る

イヌの尾は、うれしいときや楽しいときに振るだけではなく、警戒している、自己主張するときなどでも振るが、尾の位置と高さが違う。

◆ 座る

背中を向けて座ったり、イヌが近付いたときに座る、他のイヌの出現や飼い主が怒鳴ったときなど、ストレスや不安を感じるときに出すシグナル。

◆ 伏せをする

伏せのポーズをとるときは、相手に対して「落ち着いて」という意味がある。メッセージ性の強いシグナル。

お互いが目を逸らせている

イヌの体の各部位の名称を覚えよう

体の外貌からの各部の名称

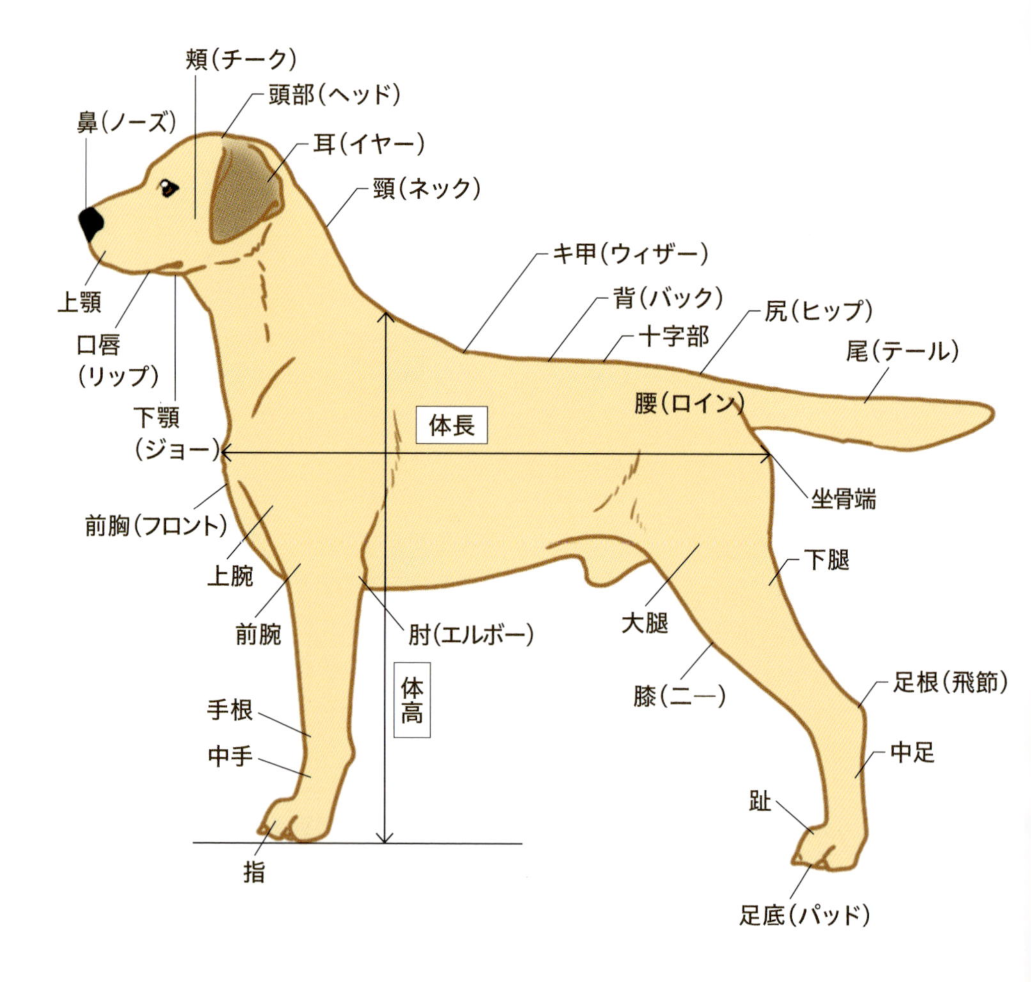

リンパ節の場所

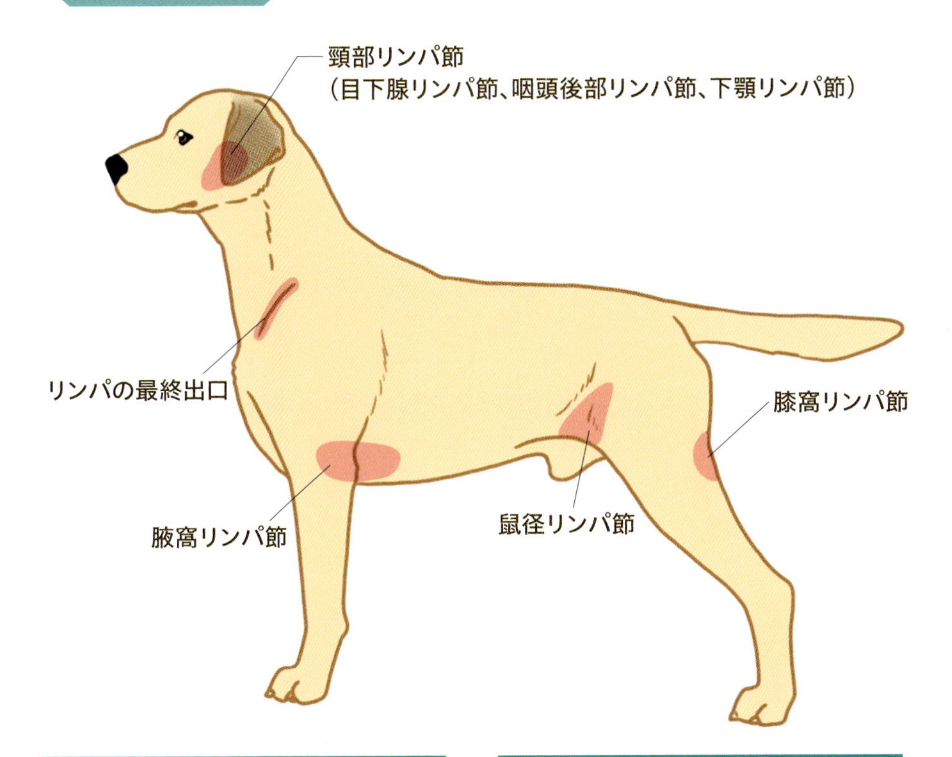

体長と体高

イヌの体のサイズを表わす言葉として、“体高”と“体長”という表現をします。
体高というのは肩の最も高い位置から地面までの高さのことで、頸から上の頭部は含まれません。イヌの頸から背中にかけて触っていくと、肩甲骨の最も高い骨に触れますが、そこが体高の最高点となります。
体長は胸骨端(胸骨の先端)から坐骨端(坐骨の先端)までの長さのことで、頭の部分は含まれません。また、体長はメスのほうが、生殖活動があるため若干長めです。

リンパとは？

リンパは老廃物や細菌などの毒素から体を守っています。その働きは、静脈に送り込まれずにあふれた老廃物を血液に代わって運び、老廃物をきれいにし、再び静脈に戻します。また体内に侵入した細菌はリンパ管を通り、リンパ節に運ばれ、そこでリンパ球などで処理されます。
動物の体内には、無数のリンパ管が網の目のように分布し、リンパ管の中をリンパ液が流れ、リンパ液を運ぶリンパ管が集中する中継地点をリンパ節といいます。

イヌの体の仕組みを知る

イヌの体の情報は骨格から読み取れる！

〔イヌの骨格は大きさに関わらず、基本的には変わらない〕

各部の名称

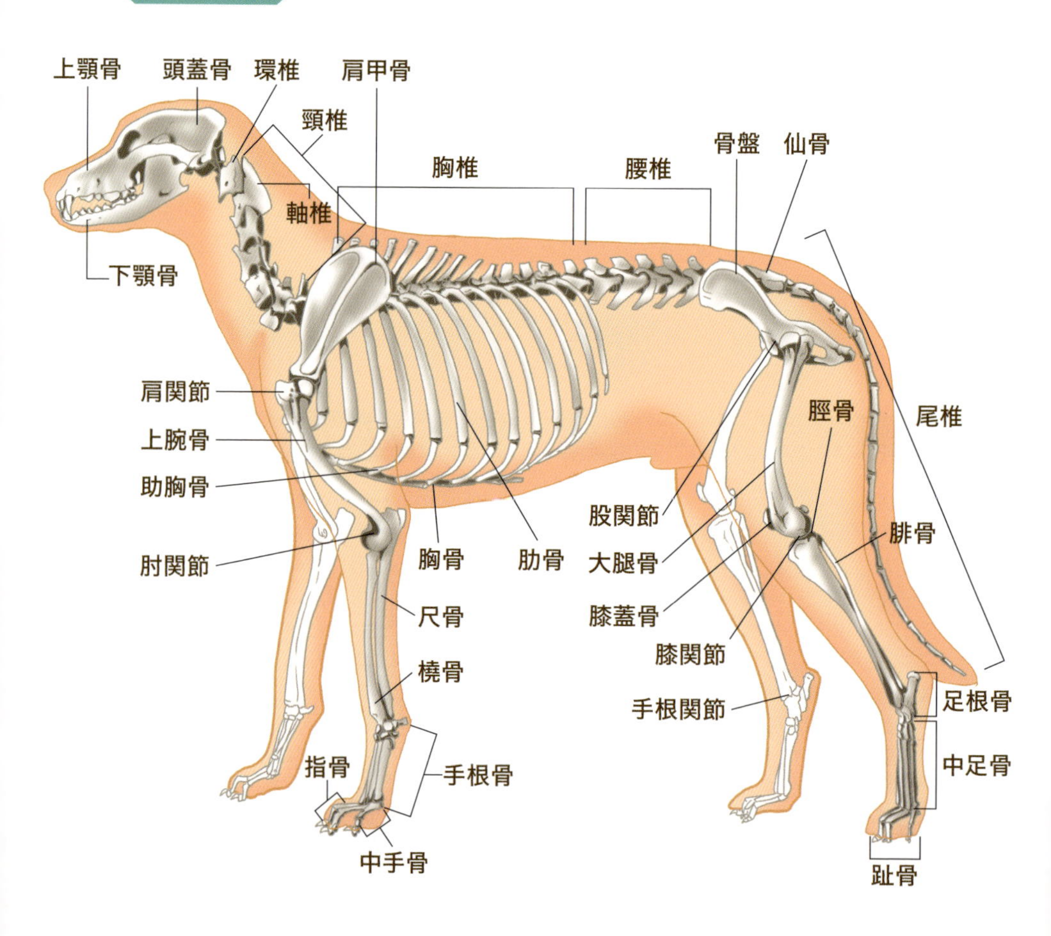

イヌの骨の成長と特徴

イヌの大きさや姿かたちは犬種によって大きく異なりますが、基本的な骨の数は変わりません。人と比較すると数が多く、約320本と言われています。人の約1.5倍もあります。

イヌの骨は成長スピードが早く、小型犬と大型犬ではかなり違ってきます。小型犬で8～10カ月、中型犬で10～12カ月、大型犬で15～18カ月となります。成長が止まってくると性成熟に入ります。大型犬は性的な成熟が遅いため、骨が成長するスピードが遅くなるのです。

骨格のその特徴は､鎖骨がないため、腕は前後にしか振れません。また、4足歩行に順応するために、肩甲骨と上腕骨をつなぐ靭帯と筋肉が強靭にできています。

また、人のように顎の骨を左右に動かし噛んですり潰すということができません。そのため、食べ物を噛み切ったら飲み込んでしまいます。

選択育種による小型化

イヌはチワワのような極小犬もいれば、アイリッシュ・ウルフハウンドのような超大型犬もいます。イヌを選択繁殖により小型化していくのには二つの方法があります。

一つは骨格を小さくしていく“ミニチュア化”です。トイ・プードルやチワワなどがそうです。もう一つの方法は、脚の骨を短くしたり、膝関節を大きくすることによって、体高を小さくする“ドワーフ化”という方法です。ダックスフンドやバセット・ハウンドなどがそれに当たります。

ミニチュア化もドアーフ化も自然現象の中でできたものですが、さらに人の手が加わることで多くの犬種が作り出されていくのです。

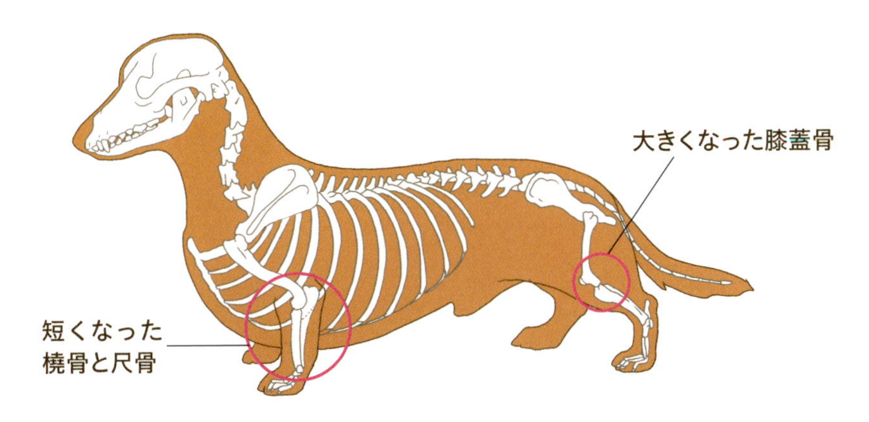

イヌの歩様から、筋肉と骨の情報が見えてくる!

イヌの歩き方を観るのが大切なのは

イヌの歩き方=歩様を観ることは、そのイヌの骨格や筋肉の付き方、気持ちまでも読み取ることができます。歩様はとても大切な情報となります。

ドッグ・ショーを観戦するのも歩様の見方の練習になります。歩様(ムーブメント)審査には重要な情報があり、精神的健全性はもちろんのこと、イヌの肉体的健全性(骨格、筋肉など)の確認にもなります。ただし、犬種によっては特徴的な歩様をすることがあります。歩様の特徴は、その犬種の沿革、用途から探ることができ、ムーブメントがそのイヌの姿形を決めているといえます。

歩様が正しいか正しくないかを観るのは、理由があります。歩様からは骨の角度が分かります。それによって筋肉の状態も見えてきます。仕事を持つ作業犬、狩猟犬やソリ曳き、牧畜犬などは優れた移動運動が要求されます。効率の悪い歩様ではムダな動きによりエネルギーが使われてしまい、すぐに疲れて、作業ができなくなります。

作業犬だけではなく、私たちと一緒に暮らすパートナーとしてのイヌたちにも同じことが言えます。正しい歩様は疲れにくく、体にゆがみが出にくいのです。

多くのイヌたちは、まったく正しい構成を持ってはいません。そのため、歩き方を観ることで、そのイヌの骨格構成や筋肉の付き方が分かり、現在の体の歪みや筋肉のこわばりなどを判断していき、必要な筋肉を維持したり、付けるための運動のアドバイス、また、マッサージやタッチケアなどでほぐしていくことが必要になります。

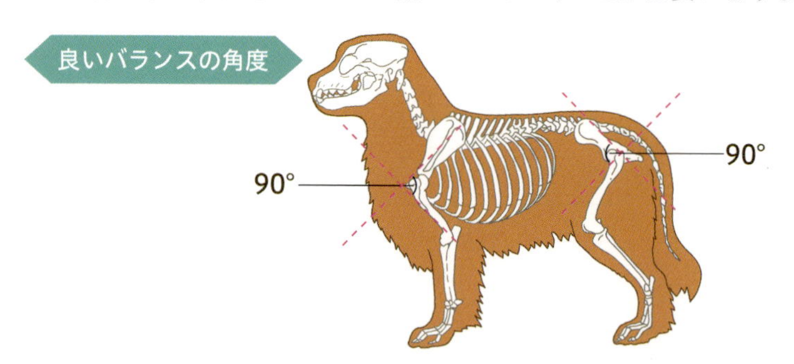

▼アークの距離が等しい三角形の望ましい歩様

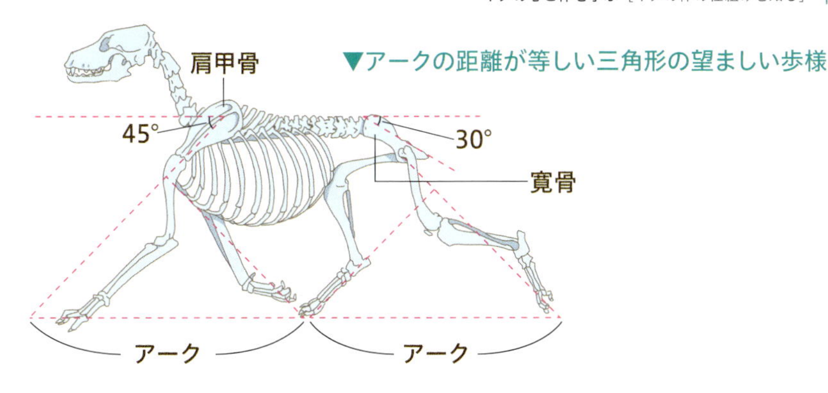

▼ムダのない正しい歩様（トロット）

歩様の種類

ウォーク（常歩） いちばん加速の少ない、方向を変えるのにも比較的自由な歩き方。

トロット（速歩） ウォークよりも加速された歩き方で、ウォークに比べ歩幅も広く、2点着地の対角運歩となる

ギャロップ（襲歩） 最高に加速された四拍子リズムの歩様。

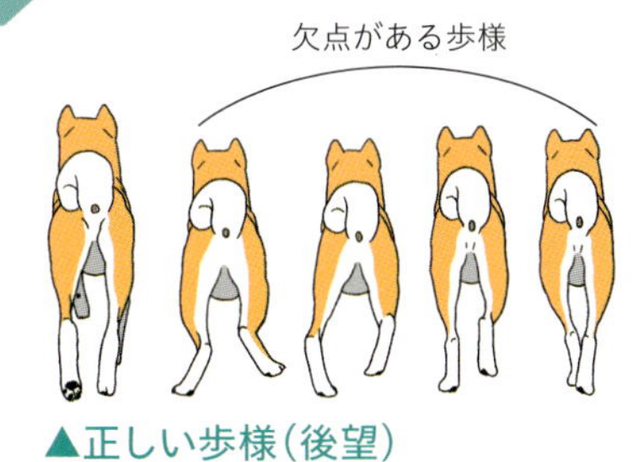

▲正しい歩様（後望）

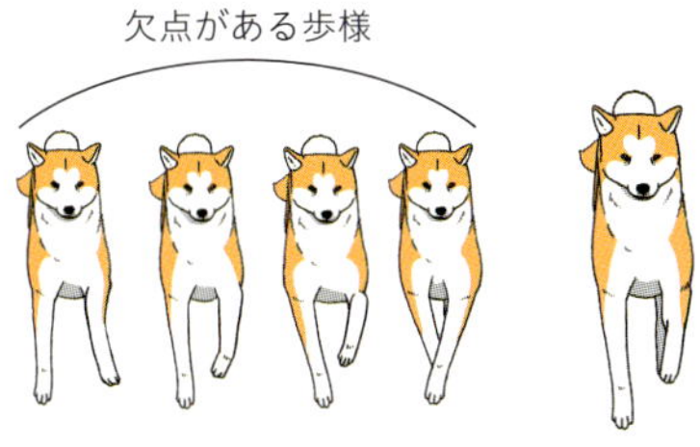

正しい歩様（前望）▲

瞬発力や持久力を生み出す特徴的な筋肉の仕組みを理解する

筋肉の役割と種類

筋肉の役割は、人もイヌもほぼ同じです。ただし、骨格を動かす骨格筋の数は人よりも多く、特に後肢を動かす筋肉はかなり発達しています。この筋肉により、素晴らしい瞬発力と跳躍力を得ました。

また、イヌの筋肉は、３種類の筋肉から成り立っています。

- 臓器の働きを調節する平滑筋
- 心臓を動かす心筋
- 自分の意志で制御することができる骨格筋（横紋筋）

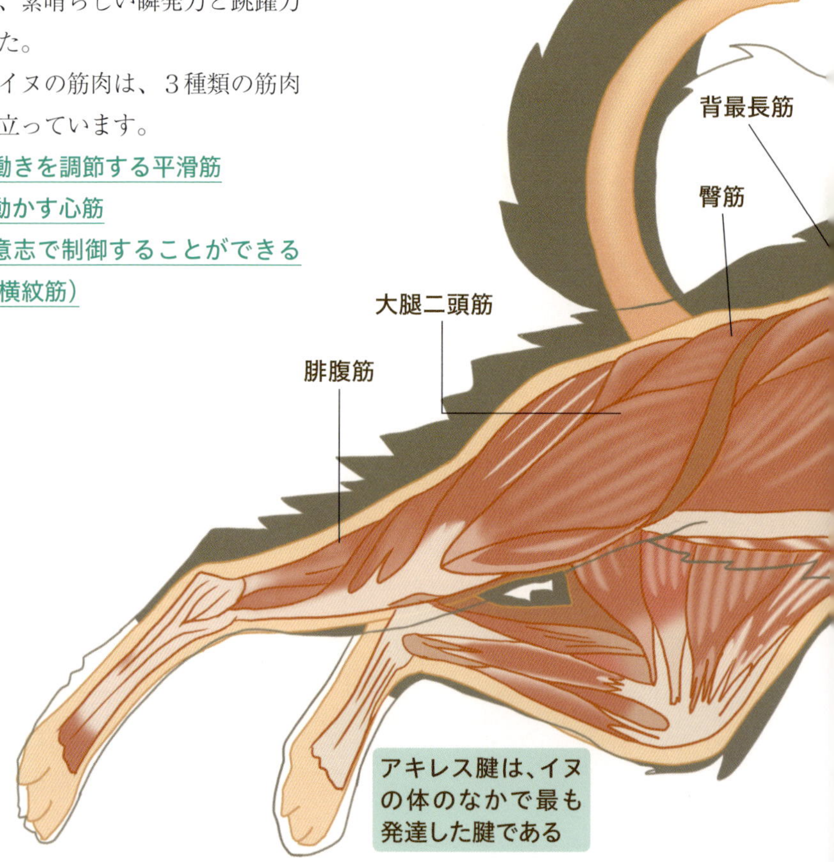

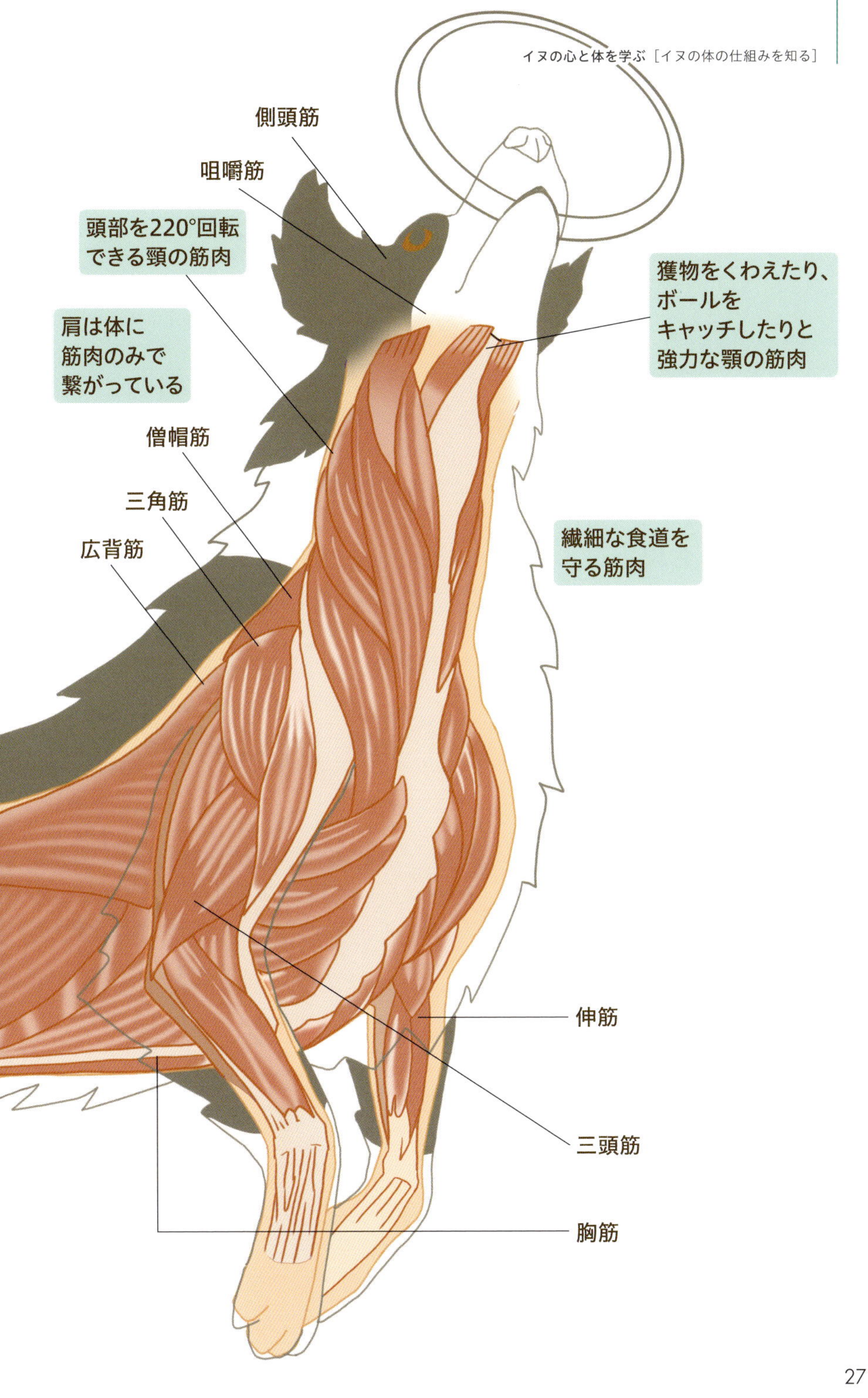
側頭筋
咀嚼筋
頭部を220°回転
できる頸の筋肉
獲物をくわえたり、
ボールを
キャッチしたりと
強力な顎の筋肉
肩は体に
筋肉のみで
繋がっている
僧帽筋
三角筋
広背筋
繊細な食道を
守る筋肉
伸筋
三頭筋
胸筋

筋肉の位置を意識するための「ランドマーク」を把握する

体表面から触れることができる骨

マッサージでは、確実な筋肉の位置に施術をしていくため、筋肉の位置を知るための「ランドマーク」を確認します。ランドマークは筋肉の正しい位置を見つけるための「目印」です。

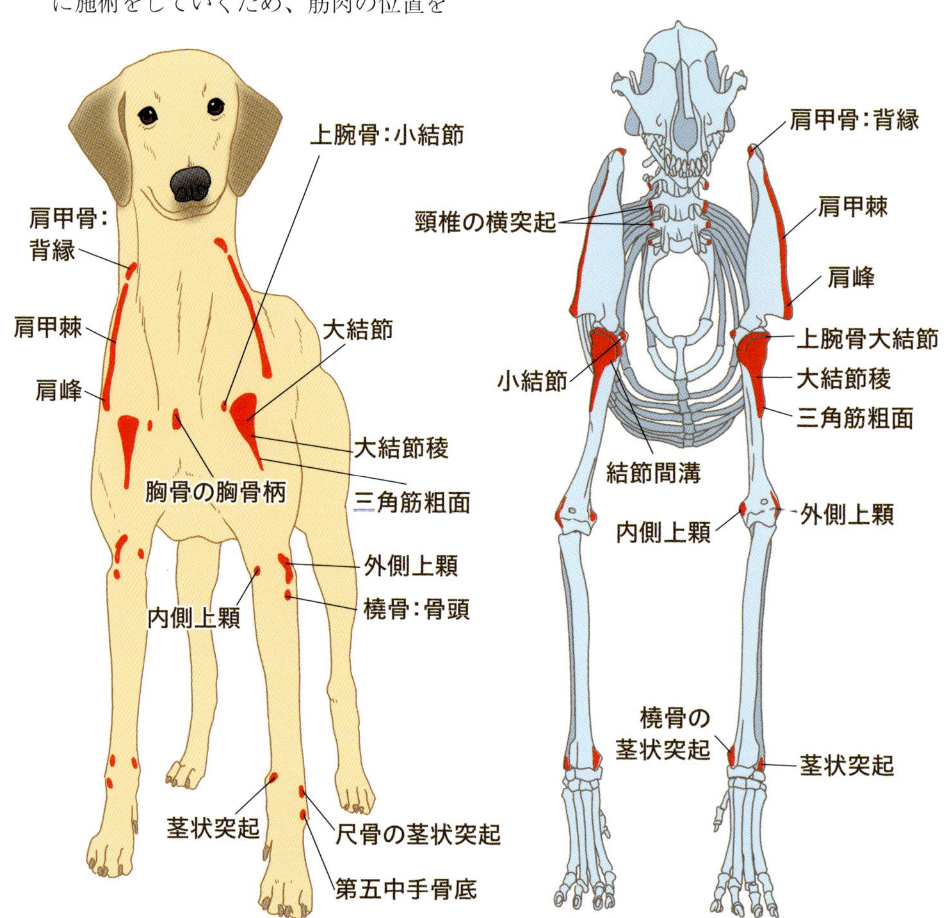

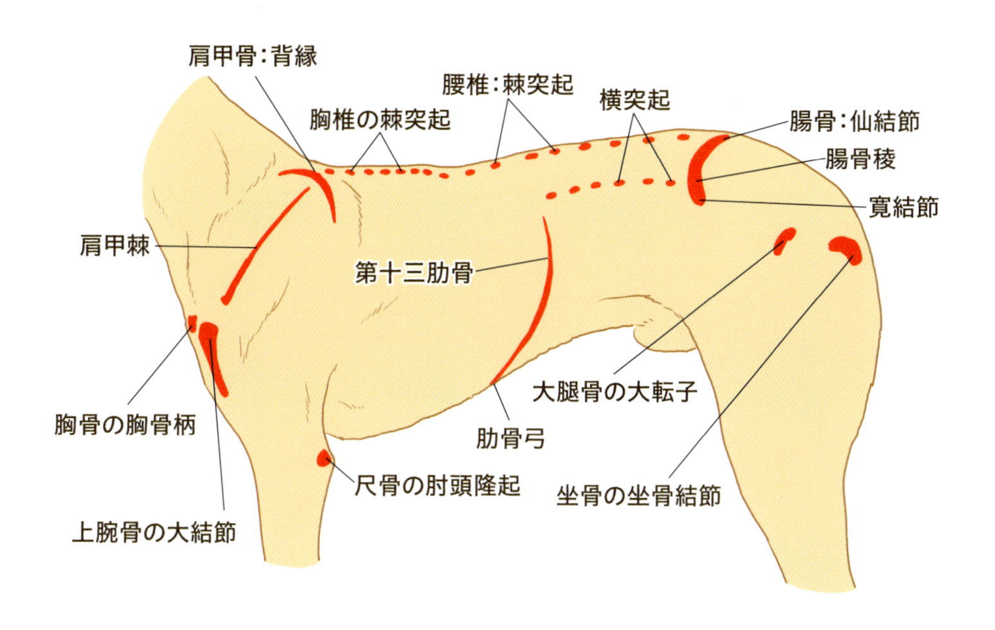
肩甲骨：背縁
腰椎：棘突起
胸椎の棘突起
横突起
腸骨：仙結節
腸骨稜
寛結節
肩甲棘
第十三肋骨
胸骨の胸骨柄
大腿骨の大転子
肋骨弓
尺骨の肘頭隆起
坐骨の坐骨結節
上腕骨の大結節

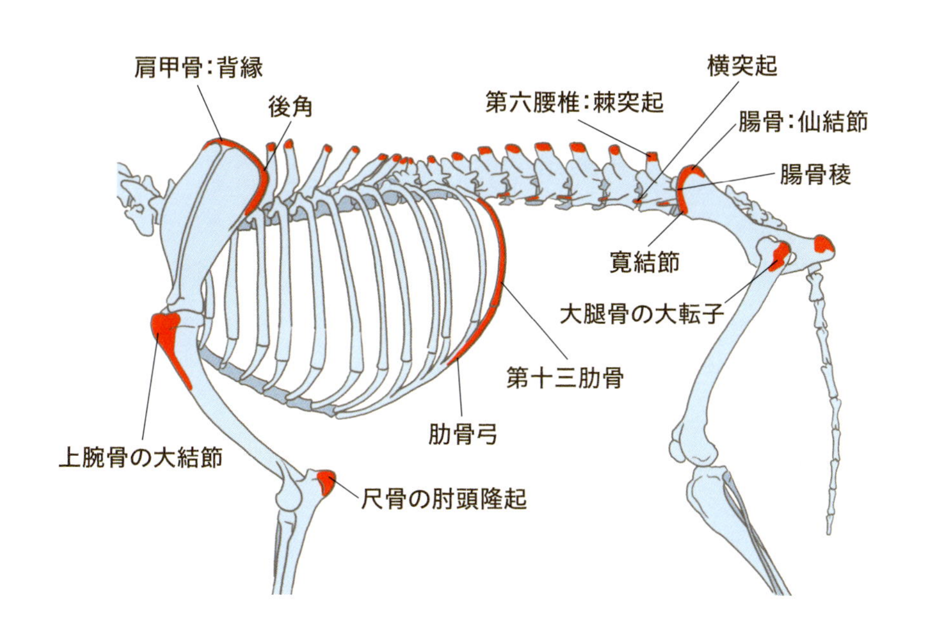
肩甲骨：背縁
横突起
後角
第六腰椎：棘突起
腸骨：仙結節
腸骨稜
寛結節
大腿骨の大転子
第十三肋骨
肋骨弓
上腕骨の大結節
尺骨の肘頭隆起

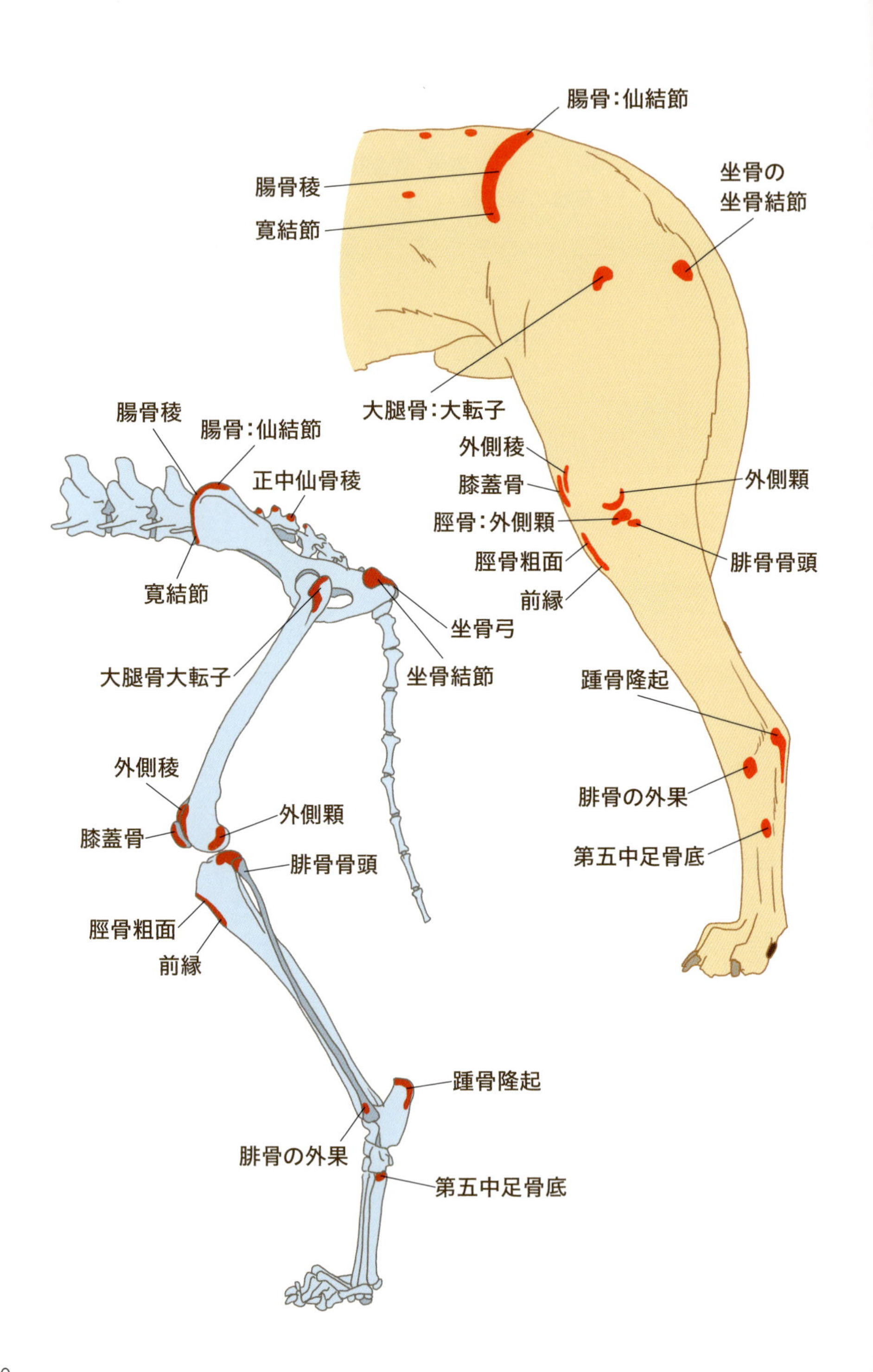
腸骨：仙結節
腸骨稜
寛結節
坐骨の
坐骨結節
大腿骨：大転子
外側稜
膝蓋骨
外側顆
脛骨：外側顆
腓骨骨頭
脛骨粗面
前縁
踵骨隆起
腓骨の外果
第五中足骨底
腸骨稜
腸骨：仙結節
正中仙骨稜
寛結節
坐骨弓
大腿骨大転子
坐骨結節
外側稜
外側顆
膝蓋骨
腓骨骨頭
脛骨粗面
前縁
踵骨隆起
腓骨の外果
第五中足骨底

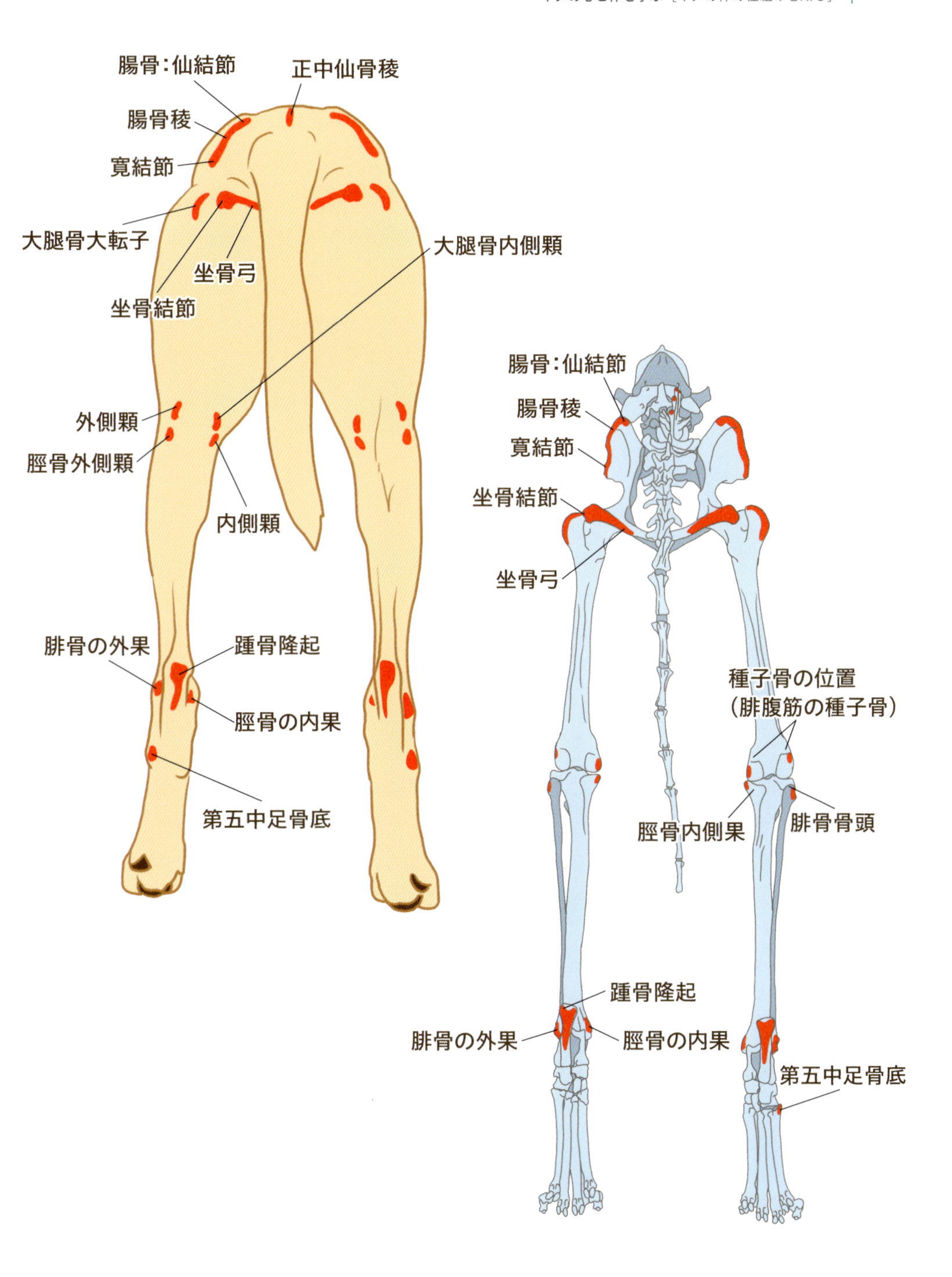
腸骨：仙結節
正中仙骨稜
腸骨稜
寛結節
大腿骨大転子
坐骨弓
坐骨結節
大腿骨内側顆
外側顆
脛骨外側顆
内側顆
腓骨の外果
踵骨隆起
脛骨の内果
第五中足骨底
腸骨：仙結節
腸骨稜
寛結節
坐骨結節
坐骨弓
種子骨の位置
（腓腹筋の種子骨）
脛骨内側果
腓骨骨頭
踵骨隆起
腓骨の外果
脛骨の内果
第五中足骨底

column

イヌの種類について

世界では、非公認を含めると約700～800種類の犬種がいるといわれています。ベルギーに本部がある『国際畜犬連盟(ＦＣＩ)』に公認されているのが344犬種(2017年7月現在)です。そのうち日本(一般社団法人ジャパンケネルクラブ(ＪＫＣ))では約200種類が登録されています。
犬種は、その生存目的や形態・用途によって10のグループに分かれています。

1グループ…牧羊犬、牧畜犬　家畜の群れを誘導、保護する役割を持つ。
ウェルシュ・コーギー、ジャーマン・シェパード・ドッグ、ビアデッド・コリー、ボーダー・コリーなど

2グループ…使役犬　番犬、警護、作業をするイヌ。
グレード・デン、ドーベルマン、ニューファンドランド、ミニチュア・シュナウザーなど

3グループ…テリア　穴の中に住む、キツネなどの小動物を狩る小型獣用の猟犬。
エアデール・テリア、ジャック・ラッセル・テリア、ヨークシャー・テリア、ノーフォーク・テリアなど

4グループ…ダックスフンド　地面の穴に住むアナグマや野兎用の猟犬。
ダックスフンド(３サイズ３毛種)

5グループ…原始的なイヌ、スピッツ　日本犬を含む、スピッツ系のイヌ。犬本来の姿が色濃く残る犬種のグループ。
秋田、柴、ポメラニアン、シベリアン・ハスキー、日本スピッツなど

6グループ…嗅覚ハウンド　大きな吠え声と優れた嗅覚で獲物を追う獣猟犬。
ダルメシアン、バセット・ハウンド、ビーグルなど

7グループ…ポインティング・ドッグ　獲物を探し出し、その位置を静かに示す猟犬。
アイリッシュ・セター、イングリッシュ・セター、ワイマラナーなど

8グループ…７グループ以外の鳥猟犬　レトリーブ(運搬)を得意とする犬種や水辺の猟を得意とする犬種。
アメリカン・コッカー・スパニエル、イングリッシュ・コッカ―・スパニエル、ゴールデン・レトリーバー、ラブラドール・レトリーバーなど

9グループ…愛玩犬　家庭犬、伴侶や愛玩目的のイヌ。
プードル、パピヨン、シー・ズー、キャバリア・キング・チャールズ・スパニエル、フレンチ・ブルドッグなど

10グループ…サイトハウンド　優れた視力と走力で追跡捕獲するイヌ。
アイリッシュ・ウルフハウンド、アフガン・ハウンド、ボルゾイ、イタリアン・グレーハウンドなど

Part 2

基本のマッサージ（ベーシック）

- 15種類の基本のマッサージ・テクニック
- 体全体
- 頸周囲
- 肩部
- 前肢
- 前胸
- 背部
- 腰部
- 後肢

ベーシック・マッサージ

15種類の基本のマッサージ・テクニック

15種類のマッサージ・テクニックを覚えよう！

解剖生理学に基づき、一つひとつの個別の筋肉群に対して、目的に応じたテクニックを施し、浅層から深層の筋肉の筋繊維にアプローチしていきます。

イヌに施術する前に、まずはこれらの一つひとつのテクニックの目的と有効性を理解し、スムーズに、正しくイヌに施術できるように練習をしていきましょう。

テクニックには次頁からの15種類があります。

これらのテクニックを、イヌへの力加減やスムーズな動かし方を考えながら、練習し、施術をしていきます。

マッサージの施術ＮＧの場合

★体温が39.5℃以上のときはマッサージはしない。マッサージをすることで、すでに加速された血流をさらに刺激し病状を悪化させてしまう。
★腸炎、下痢がある場合にはマッサージは避ける。嫌がらなければ腹部を軽くさする。
★妊娠中のイヌも嫌がらない限り腹部を軽くさする程度にする。
★椎間板ヘルニアを発症しているイヌにはマッサージはしないこと。
★急性期の筋の断裂のような外傷、内出血のときは、マッサージはできない。72時間以上経過した慢性期に入ってからマッサージを行なう。
★出血している傷、治療中の傷がある部位は避ける。腫れや痛みの軽減に他の所はマッサージしてもよい。
★捻挫など、ケガの急性期にはマッサージはしないでおく。
★ジステンパーなどの神経疾患のある場合、マッサージによる刺激は不快なものになる。
★関節の周囲に強いマッサージは避ける。
★急性期のリウマチや関節炎のときは痛みが強く、炎症を悪化させるので行なわない。
★静脈炎のような炎症は患部をマッサージすると炎症を悪化させてしまう。
★リンパ腫など血流を促進することがかえって悪化となる疾患がある場合。
★真菌による皮膚病がある場合。
★感染症
★肺炎
★ウイルス性感染症の急性期。

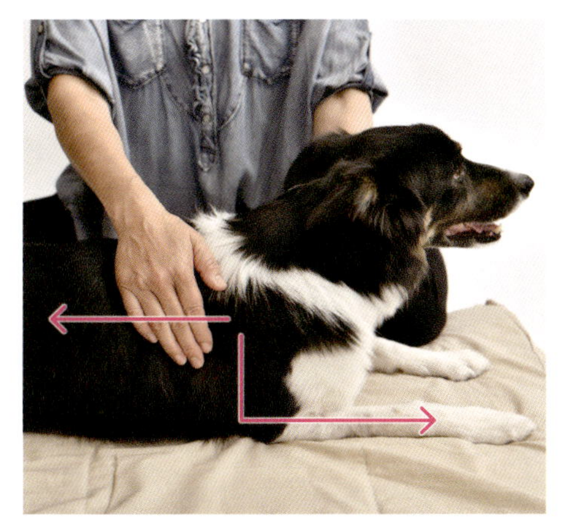

1 ストローク

ストロークとは、一筆書きのように、途切れることなく長く撫でる手技です。マッサージのセッションのなかでは、初めに実施する手技で、イヌの身体の状態や性質を知る手がかりとなります。また、初めて触れるイヌに対して、自分自身のことを紹介する時間となり、信頼を得るきっかけとなります。

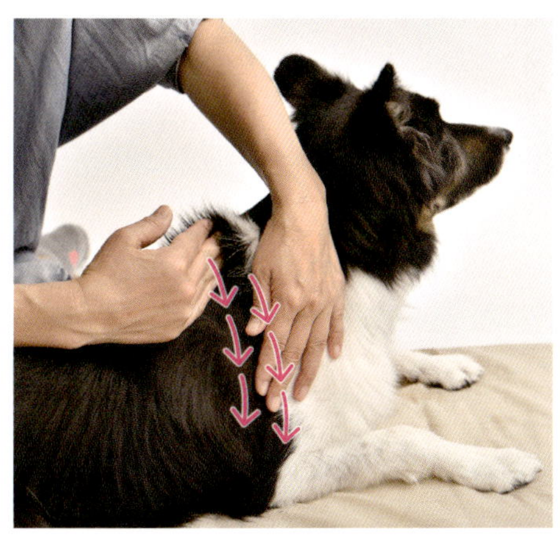

2 エフルラージュ

エフルラージュは、長時間行なわず、ストロークの次に筋肉を温めることを目的としています。また、ニーディングやフリクションのように圧を加える手技の間に10 ～ 20秒間に一回程度取り入れます。また、一つの筋肉群に対してマッサージを終える際に排出した老廃物を、リンパ節に流し込む排液を目的としたり、マッサージの手技を変えるときや部位を移動するときにも実施します。

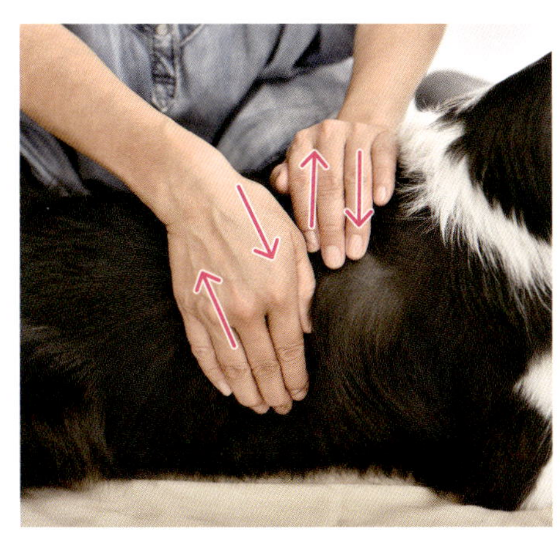

3 リンギング

手の平全体を、イヌの体に沿わせ、手の平を一定のリズムで滑らせるように交互に動かします。体表面を軽い圧で2 ～ 3秒に一度ぐらいのゆっくりとしたリズムでリンギングをすることにより、鎮静効果が高まります。少し圧を加えたリンギングをゆっくりと行なうことにより、血流やリンパの流れを良くしていきます。

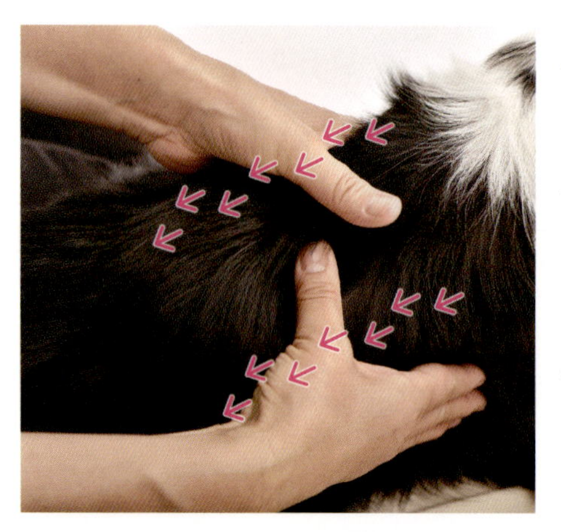

4 ニーディング

筋繊維に沿って両方の親指を交互に絞り上げるようにニーディングをすることで、筋肉が伸長し、また酸素が供給され、老廃物が排出されます。ニーディングは短時間で循環を促し、筋肉を温める効果があります。
身体の中心から末端に向かってニーディングをしたら、その後には必ず末端から身体の中心に向かってニーディングを行ないます。
注：背部に行なうときは、背骨を避ける。

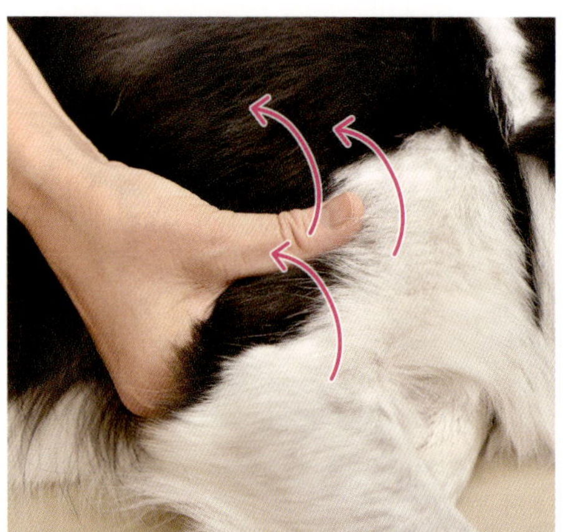

5 スクイージング

リズミカルに持ち上げるように行なうスクイージングは、皮膚と筋肉を弛緩させます。この動きは、絞り上げる、圧迫する、そして組織を緩める動きを同時に行ないます。

6 シェーキング

軽い圧で行なうシェーキングは、神経組織をリラックスさせます。手の重さ以上には圧をかけないようにして、体表面、そのすぐ下の筋肉にシェーキングを行ないます。
手首、指先の力を抜き、肘から振るわせるようにして、それを手首や指に伝えます。小さなシェーキングを2～3秒ずつ部位を移動しながら行なうと、組織の流れを良くして物理的な鎮静効果があります。

7 フリクション

まずストローク、エフルラージュ、リンギングで筋肉を緩めてからフリクションを行ないます。親指または人差し指、中指、薬指の4本の指先を使い、指先を押し付けながら、深部の組織に、筋繊維を横切るように、また繊維の組織を上下するように狭い範囲にフリクションを行ないます。
軽い圧から始め、イヌの様子を見ながら少しずつ圧を加えます。一カ所に長く行ない過ぎないように注意します。

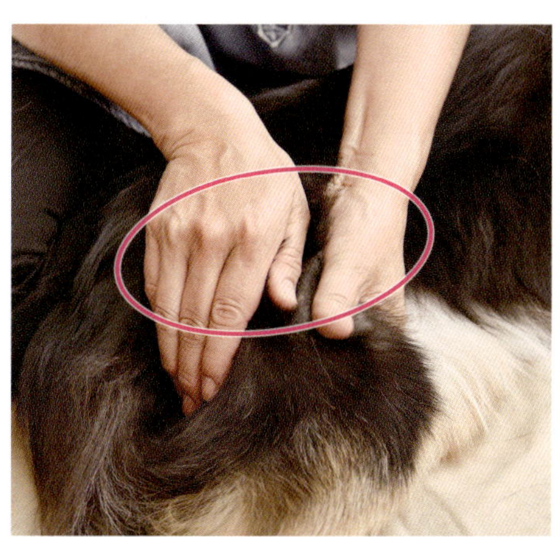

8 コンプレッション

両手の平全体または片手の平で部位を包み込むように当て、6秒かけてゆっくりと慎重に圧をかけていきます。ソフトな圧をかけながら、10秒ほどかけてゆっくりと力を弱め、次の部位に移ります。筋肉を押し過ぎないように注意をします。圧迫によって血行を制限し、力を緩めることによって血液循環が増加するため、筋緊張を軽減します。

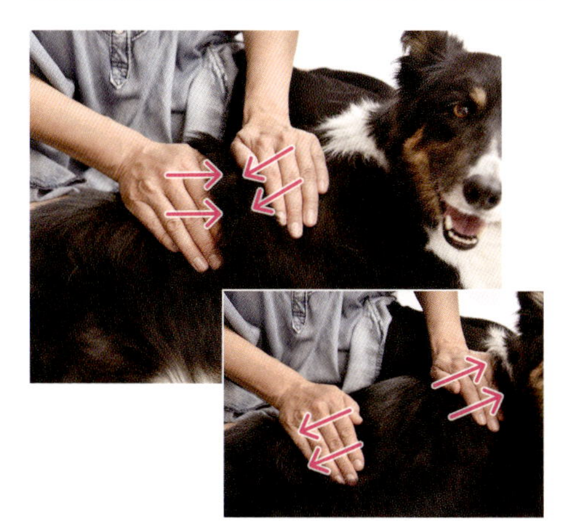

9 チャッキング

背部、大腿部など広い筋肉や大きな筋肉に行ないます。筋繊維の走行に沿って両手を置き、ゆっくりと両手を近づけていき、皮膚を縮めるようにします。両手がくっつきそうになったら一息で皮膚を伸ばしストレッチをします。
筋肉の緊張を緩め、筋繊維をストレッチし、関節への腱への負担を軽減する効果があります。

10 スキンローリング

皮膚を次々とつまんで、皮膚と皮下組織を分離させていきます。親指と4本の指で組織をつかんで持ち上げ、親指で組織を4本の指の方向に持ち上げるように滑らせます。持ち上げられた組織を4本の指でつかむように受け止めます。その動きを止めることなく連続的に行ないます。
皮膚を弛緩させるように、十分に筋肉を温めてから行ないます。軽い力で行ないましょう。

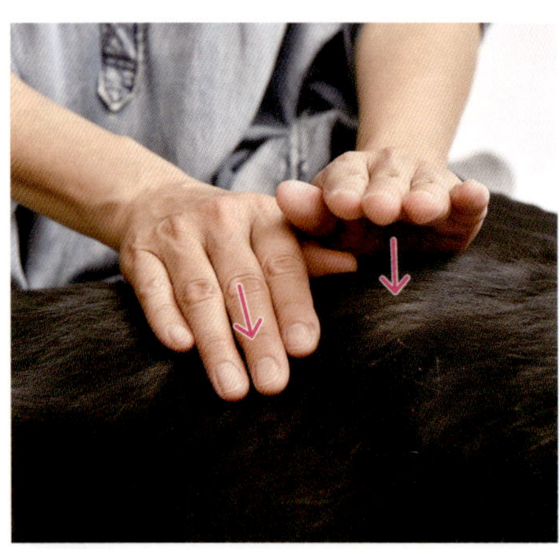

11 タッピング

充分に手をリラックスさせてやわらかくしておきます。指先で、もしくは手の平全体でイヌの体の大きさや部位によって使い分けます。一定した軽い当たりで短時間で行ないます。

12 チョッピング

チョッピングは、両手でまたは片手、イヌの大きさ、施術する部位によって使い分けます。手を自然な形にカーブさせ、肘、手首、指先の力を抜き、小指の側面を軽く当てるようにして打つようにします。一定のリズムで、とても軽く行ないます。

13 カッピング

手の平を、水を受けるように指を密着させて軽くカーブさせます。イヌの体の広い部位、および厚い筋肉に行ないます。手の中に入った空気を当てるようにリズミカルに行なうカッピングは、イヌをリラックスさせていきます。

14 ピンスメント

親指と人差し指を使って、リズミカルに被毛をはさみながら上にはねあげる動作を繰り返します。筋肉の緊張をやわらげ、血流を良くします。

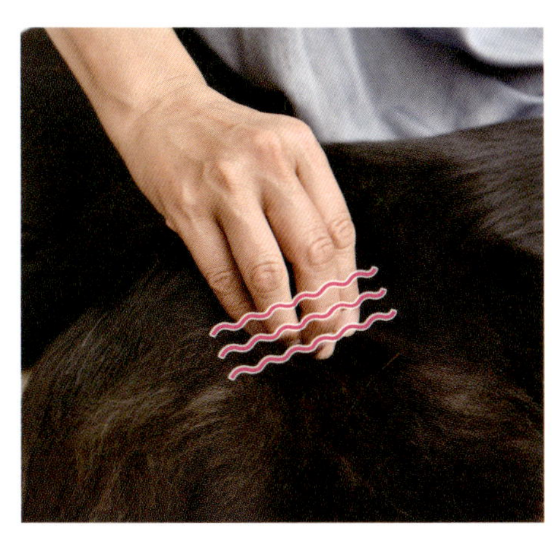

15 バイブレーション

指先または手の平を体に当てて、小刻みに震わせます。皮膚を揺らすのではなく、細かい振動が深部に伝わるように行ないます。神経を鎮めたり、瘢痕組織を弛緩する、疼痛の軽減などの効果があります。

ベーシック・マッサージ

体全体

マッサージの始まりに、その日のイヌの体、心の状態を知る

目的

リラックスを促し、マッサージに備え触知をする

手に意識を集中し、相手の体から“情報”を感じ取る

マッサージの始まりに、手の平で体全体をストロークして、その日の調子を触知します。

マッサージの最後にも行ないます。行なったすべてのマッサージを統合するように。

体全体をストロークすることは、始まりの合図、そしてマッサージが終わる合図ともなります。相手に行なうことを知らせることも大切です。

■手で感覚すること

①体温
②熱感部
③冷感部
④緊張部位
⑤筋肉のこわばり
⑥左右の対称性
⑦相対的な筋容量
⑧体つき
⑨弾力
⑩腫脹（腫れ）
⑪浮腫（むくみ）
⑫しこり
⑬皮膚被毛の様子
（ドライ/フケが出ている、脂っぽい、抜け毛）
⑭嫌がるところ
⑮痛がるところはないか

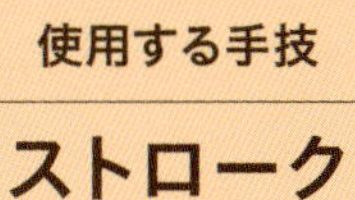

1 そっと指を揃えて、手の平全体を後頭部に置きます。「これから始めるよ」と挨拶をする気持ちで一呼吸おきます。

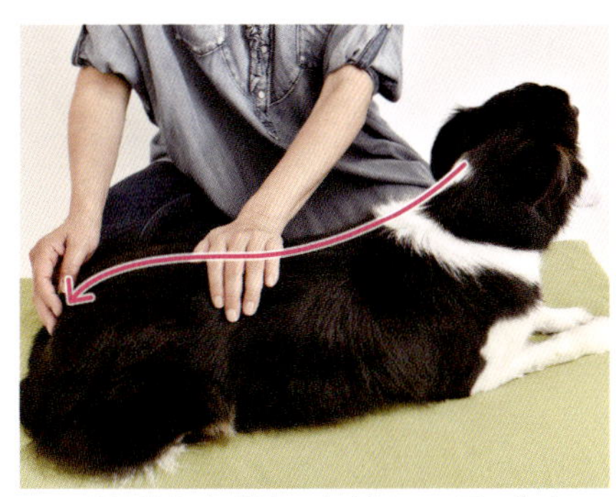

2 後頭部から背骨の上を通って尾の先まで手を密着させながら、止まることなく手を滑らせていきます。

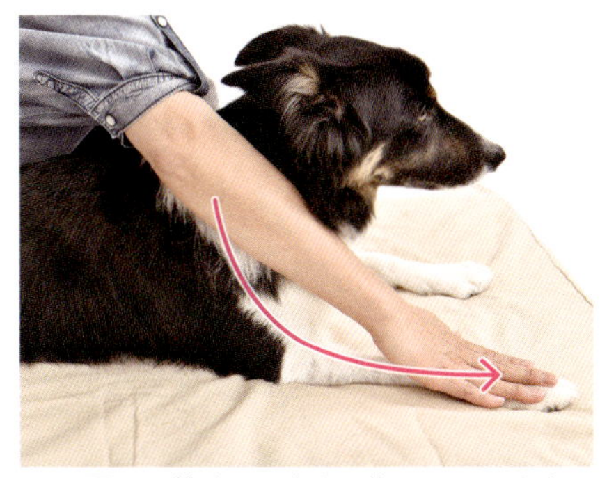

3 肩から前肢の足先まで撫で下ろします。足先は指を揃えて地面に撫で下ろすように。

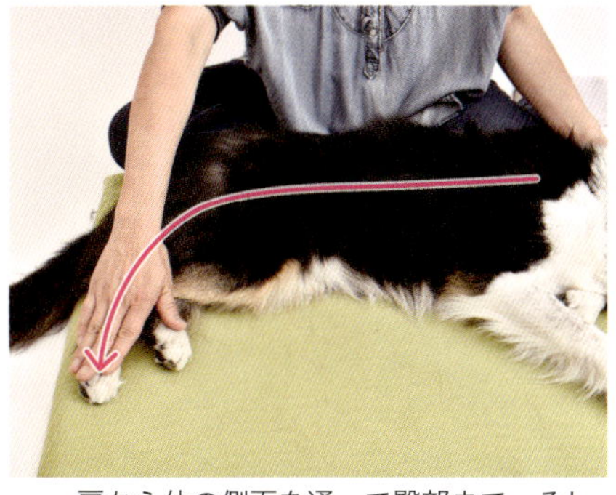

4 肩から体の側面を通って臀部まで、そして後肢も前肢と同様にストロークします。

5 反対側も同じように。

ベーシック・マッサージ　**頸周囲**

頸の緊張をほぐせば、前肢の動き、体全体の動きが良くなる

目的

特にストレスがかかるところ。マッサージをすることで頸部の動きをスムーズにし、前肢の動きを助ける

頸周囲の緊張は全身のバランスに影響

頸は、イヌの体全体のバランスを取るための重要な役割を担っています。走るときには、前進するときの後肢を地面から持ち上げやすくするために、頭を下に揺らします。

頸にはストレス・ポイントが形成される部位が多くあり、緊張しやすい部位です。頸周りが緊張すると、体全体の動きが取りにくくなってしまいます。

頸が緊張すると、その影響は後頭部や板状筋、菱形筋、そして僧帽筋に現れ、頭を下に伸ばすことがしにくくなります。また頸部に関係する筋肉は肩、肩甲骨の動き、ひいては前肢の動きに関係する筋肉があり、頸周りをマッサージすることにより、肩、前肢の動きをスムーズにします。

■頸周りが緊張する原因

①常に装着している首輪がキツ過ぎたり、重過ぎたり、またチョークチェーンのような金属で締め付けられてしまう首輪。
②訓練などで左脚側について歩くことを多くの時間、強いられる場合。
③リードを引っ張る場合。
④四肢に痛みがある場合（特に前肢に痛みがある場合には前肢を着地するときには頭を上に上げようとする。また後肢に痛みがある場合には後肢を着地するときに頭を下げようとする）。
⑤頸をすくめる姿勢をよく取る怖がりのイヌ。
⑥音に対して過剰に反応する。
⑦盲導犬などの「ワーキングドッグ」。
⑧ディスク、ボールなどを空中でキャッチする遊びをよくする。

POINT1 頸部の主な筋肉

上腕三頭筋

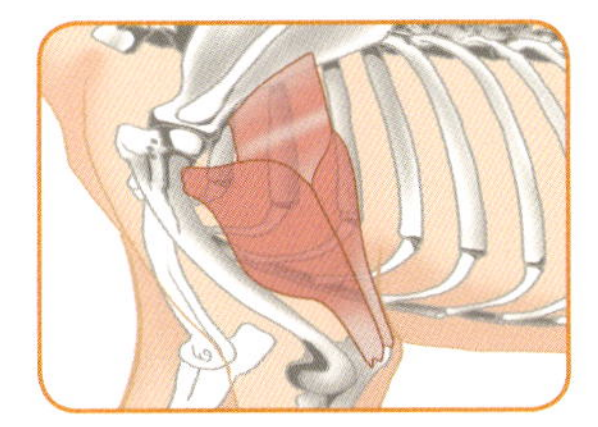

起始：上腕骨の三角筋粗面
停止：頭頸部
機能：肩関節の伸筋

胸骨頭筋

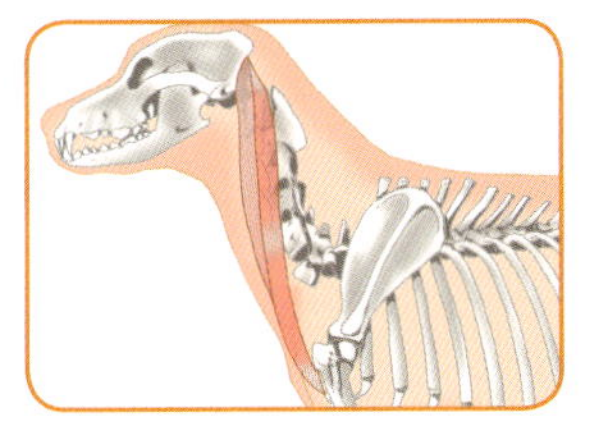

起始：胸骨柄
停止：頭部
機能：頭頸部の屈筋

肩甲横突筋

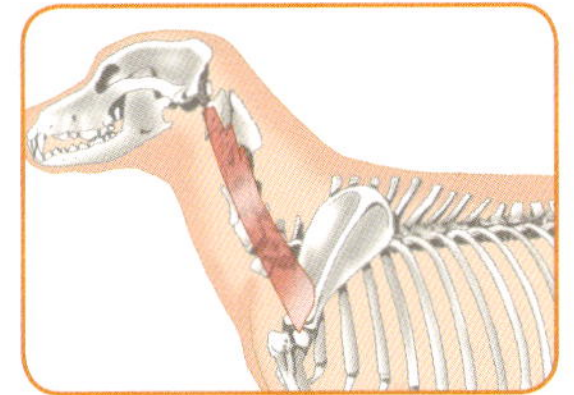

起始：肩峰　肩甲棘遠位部および肩関節を覆う筋膜
停止：環椎翼
機能：肩関節の伸筋および側方回転

僧帽筋

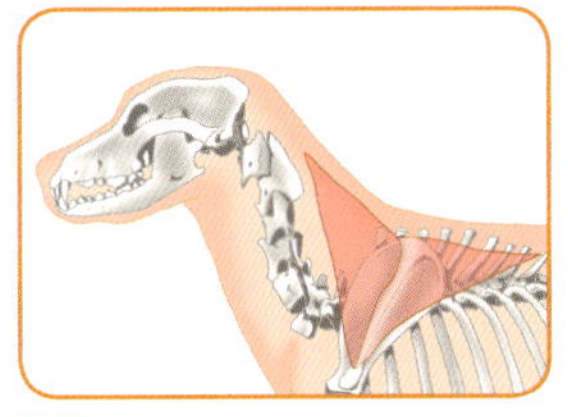

起始：第三頚椎～第三胸椎の背側正中線
停止：肩甲棘
機能：首と頭も持ち上げる。肩甲骨の固定

鎖骨頭筋頸部

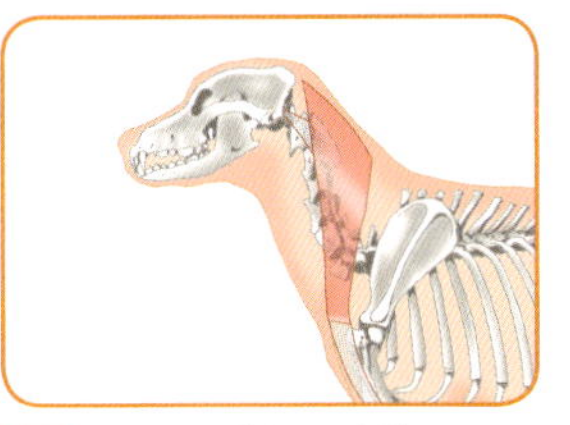

起始：頸部の背側正中線
停止：鎖骨画
機能：肩関節の伸筋

頸部の浅筋膜

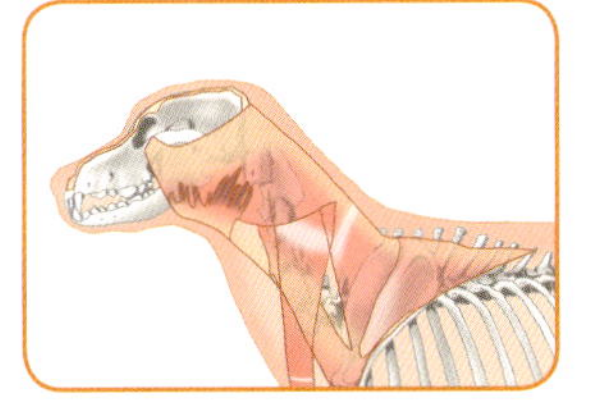

僧帽筋を覆い、鎖骨頭筋頸部と肩甲横突筋を隔てる筋間中隔を形成

頸腹鋸筋

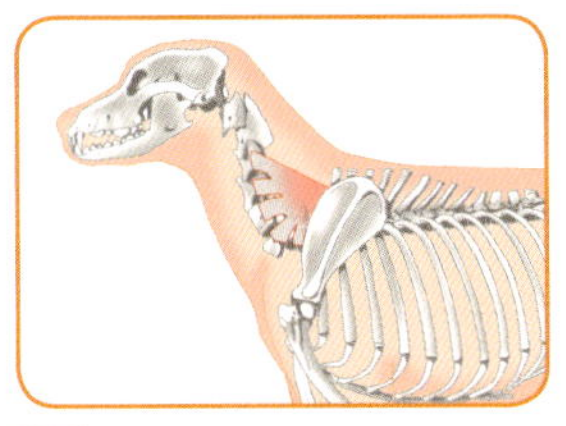

起始：肩甲骨鋸筋面の前部
停止：第三～第七頚椎の横突起
機能：体幹の重量を支える。前肢を前に引く

板状筋

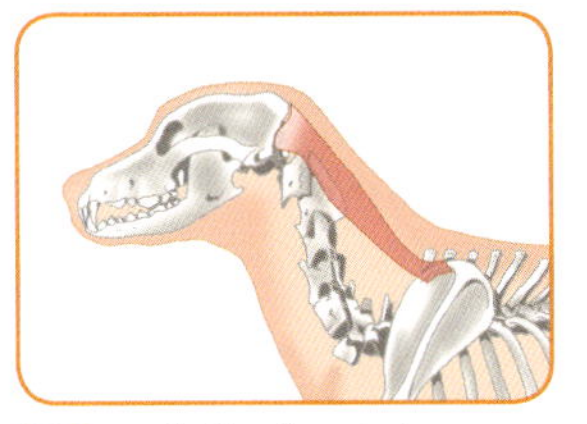

起始：項靭帯　第一および第二胸椎の棘突起
停止：項線および乳様突起
機能：頭頸部の伸展および側方回転

菱形筋

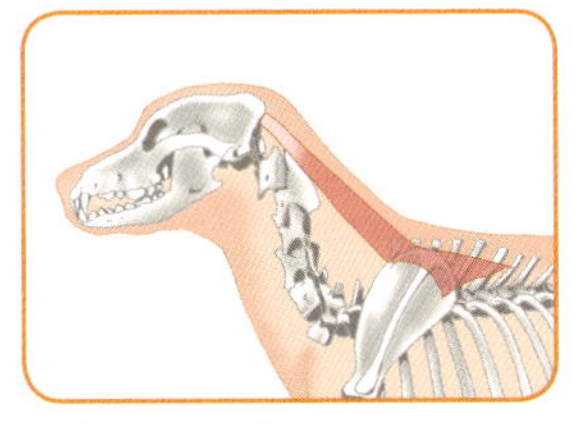

起始：第三頚椎～第三胸椎の背側正中線
停止：肩甲骨背縁
機能：肩甲骨の固定。肩甲骨と脊柱を結ぶ筋肉

POINT2 アプローチする頸周囲の主な部位

胸骨頭筋、鎖骨頭筋頸部、僧帽筋、板状筋

＼筋肉の位置を確認！／

〈ランドマーク〉 環椎、肩甲棘、肩山峰、大結節、三角筋粗面

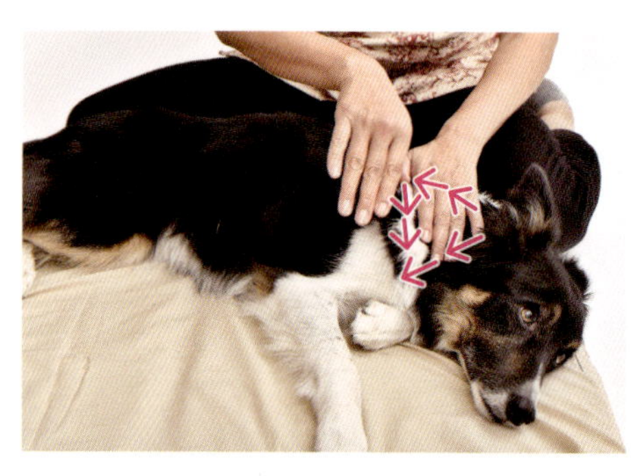

1 筋肉の起始部から停止部まで、筋線維に沿ってストローク

始めに耳の下から肩の関節、耳の下から肩甲骨の背縁、頚椎から肩甲棘に向けて穏やかにストロークをします。
手の平全体（小型犬には指全体）を使って、ストロークして皮膚の感触、イヌの反応をよく見ましょう。“今からここをマッサージしますよ”、というスタートの合図になります。

2 エフルラージュで筋肉を温める

ストロークをした部位に、手の平全体（小型犬には指を使って）を上から下にまた下から上に繰り返し、手を左右交互に動かしながら、筋肉をよく温めていきます。

3 筋繊維に対して垂直にリンギング

手を動かす方向を筋繊維に垂直にして被毛の上を滑らせるように片方の手を向こう側、遠いほうの手を手前側に向かって交互に滑らせます。筋肉の緊張を取っていきます。

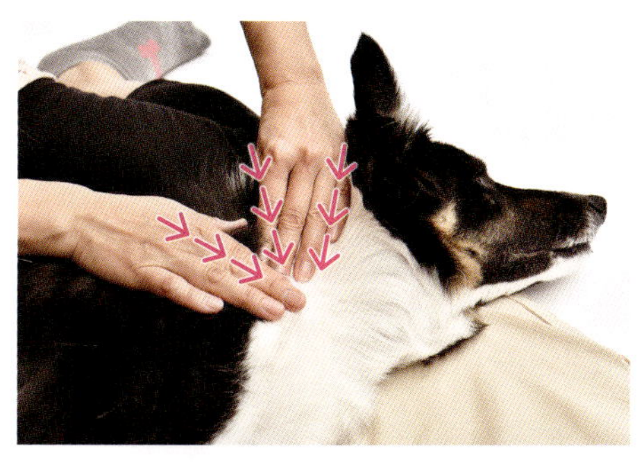

4 筋繊維を伸ばすように、4本の指でニーディング

親指は固定して4本の指全体をイヌの体にピタっとつけるようにして、左右交互に下から上に動かして筋肉の緊張をほぐしていきます。
基本の動き、WES(リンギング、エフルラージュ、ストローク)で老廃物をリンパに流していきます。

5 リンギング

リンギングでさらに筋肉の緊張を取り、筋線維から老廃物を押し流します。

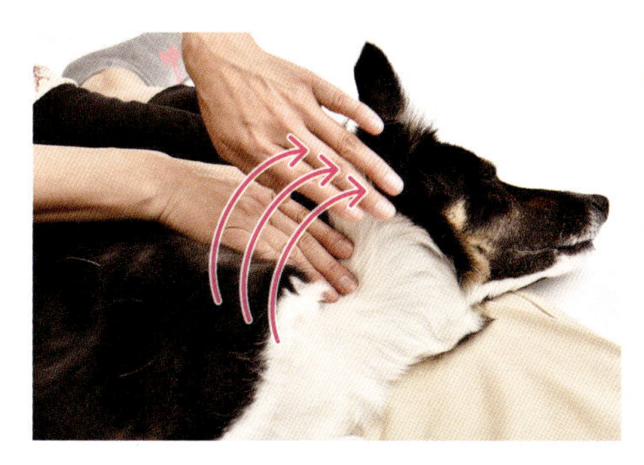

6 エフルラージュ（排液する！）

エフルラージュを行ないます。このときのエフルラージュで、頸部に近い耳下腺リンパに筋肉の老廃物を排液するように施術した部位からリンパの方向に流します。

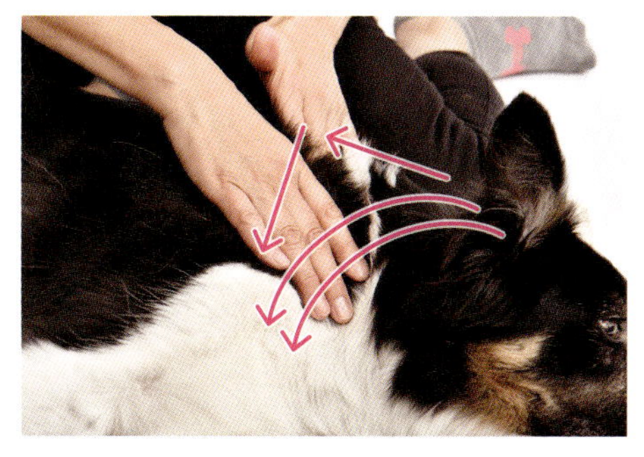

7 ストロークをしてその部位を終える

被毛に沿って穏やかなストロークを行ない、部位をなだめます。その部位のマッサージが終わる合図となります。
手を止めず、ストロークをしながら次の部位に移ります。

ベーシック・マッサージ　**肩部**

肩の柔軟性が前肢の動きを楽にする！深い呼吸を促す

目的

肩甲骨の可動域を広げ、前肢がスムーズに動くようにする

肩がリラックスすると呼吸にまで影響

肩の筋肉が緊張すると、肩の動きが悪くなり歩幅が狭くなり、体全体の動きの調和が取りにくくなります。

それにより、後躯に代償性の緊張が生じてしまうことがあります。肩部をマッサージすることにより、肩甲骨の可動域を広げ、前肢のスムーズな動きを助けます。

また、肩甲骨が弛緩することで肺に空気を取り込みやすくなり、呼吸器系に良い影響を与えます。

特に、よくリードを引っ張るイヌ、ディスクで遊ぶイヌ、ジャンプをよくするイヌ、アジリティーをするイヌ、盲導犬、そしてシニアドッグには行なってあげましょう。

★外側頸三角を覚えましょう！

外側頸三角とは僧帽筋頸部、肩甲横突筋、鎖骨頭筋頸部で囲まれた部分をいいます。この部分をマッサージしていきます。

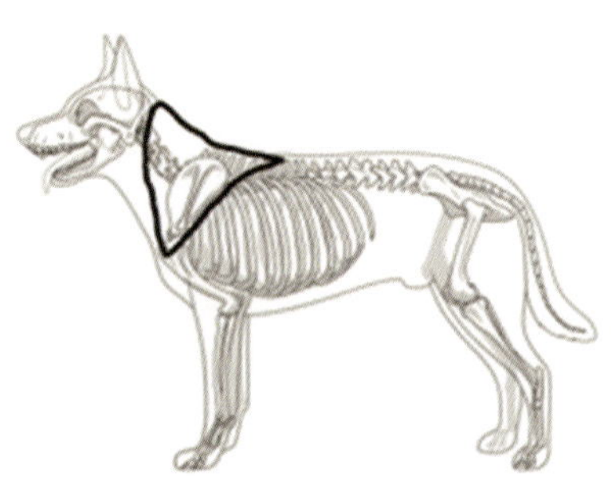

POINT 1 肩部の主な筋肉

僧帽筋

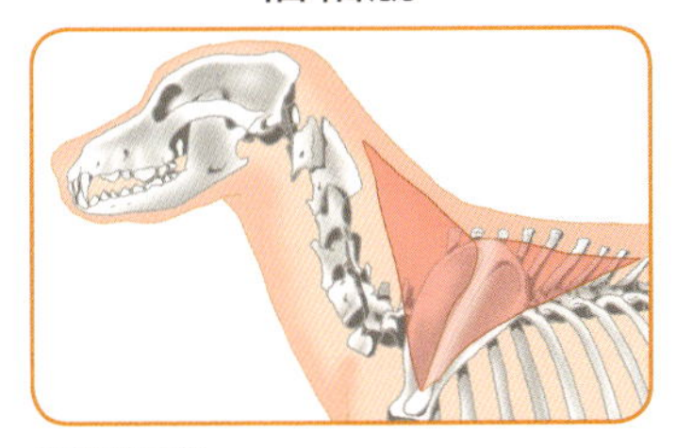

僧帽筋頸部
起始：第三頚椎～第三胸椎の背側正中線
停止：肩甲棘
僧帽筋胸部
起始：第三胸椎～第八胸椎の背側正中線
停止：肩甲棘の近位1/3
機能：肩甲骨の固定、前肢の挙上と外転

棘上筋

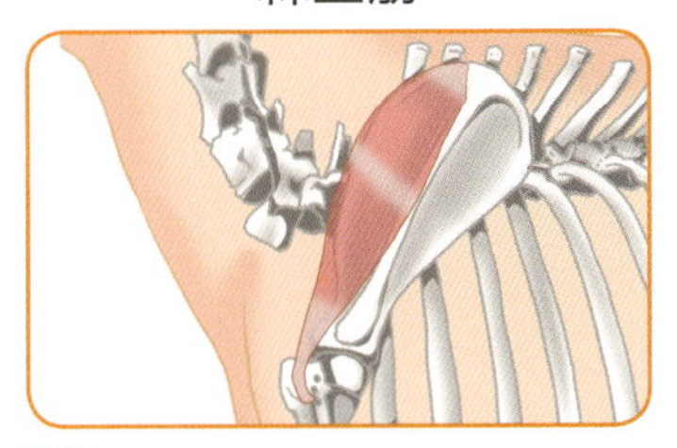

起始：棘上窩
停止：２本の腱で上腕骨大結節に終わる
機能：肩の伸筋

棘下筋

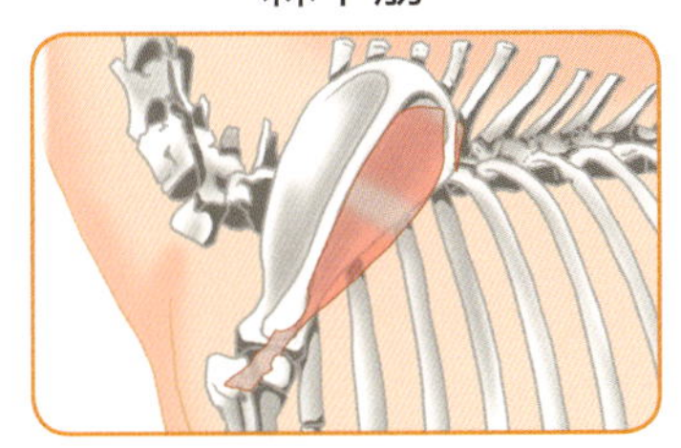

起始：棘下窩
停止：上腕骨大結節の後部をわたり大結節遠位部の棘下筋粗面に終わる
機能：肩関節の伸展と屈曲を助ける

三角筋

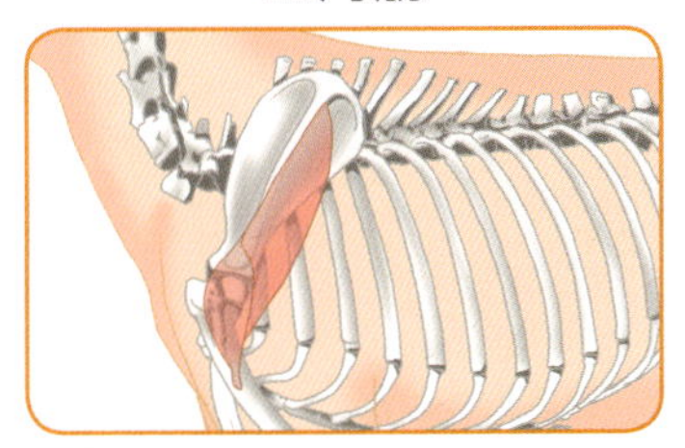

起始：上腕骨頭の後面
停止：上腕三頭筋のほかの三頭とともに肘頭に終わる
機能：肘の伸筋

肩甲横突起

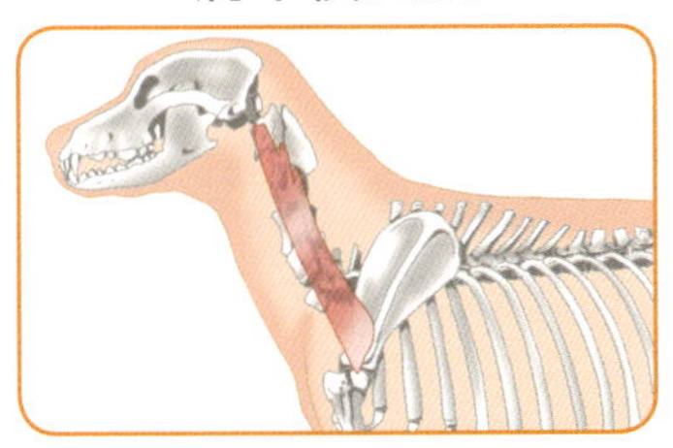

起始：肩峰、肩甲棘遠位部および肩関節を覆う筋膜
停止：環椎翼
機能：肩関節の伸筋および側方回転

POINT2 アプローチする肩部の主な部位

棘上筋、棘下筋、僧帽筋

＼筋肉の位置を確認！／

〈ランドマーク〉 肩甲棘、肩甲骨背縁、大結節

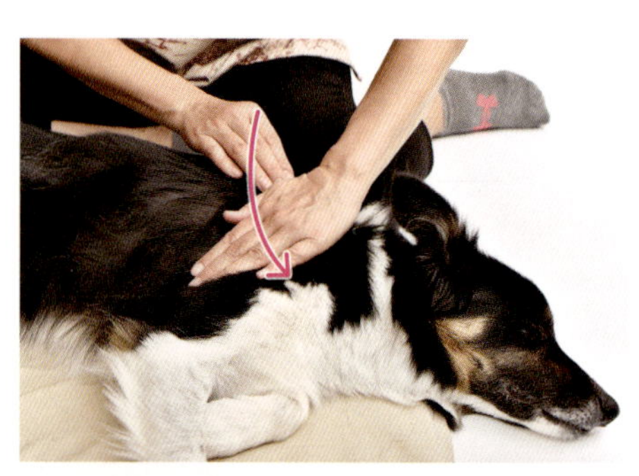

1 ストローク

背骨から肩甲棘の角度に沿って、大結節まで棘上筋と棘下筋をストロークし、数回撫で下ろします。

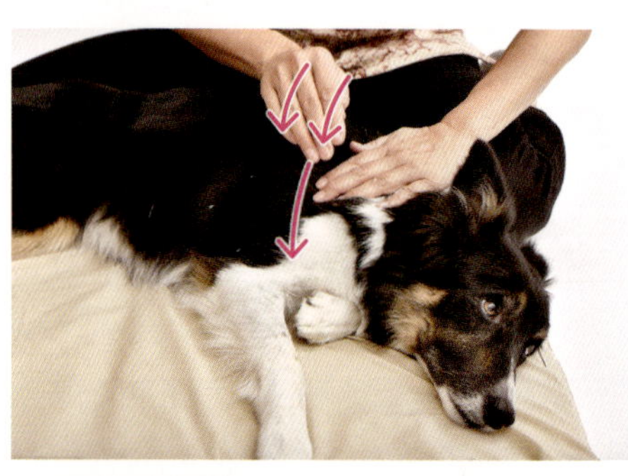

2 エフルラージュ

同じ部位をエフルラージュで上下に繰り返し筋肉を温めます。

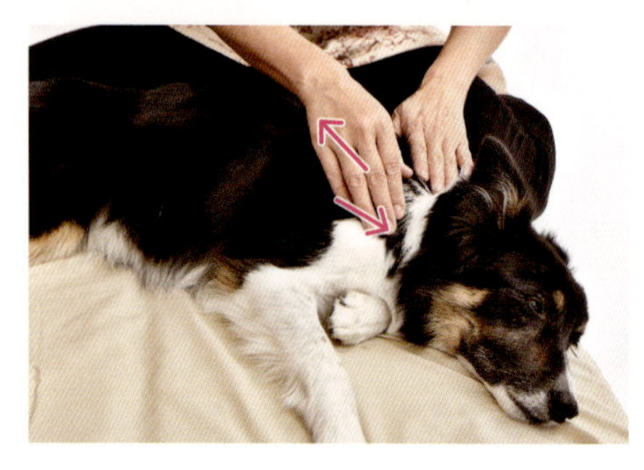

3 リンギング

棘上筋と棘下筋、頸腹鋸筋を穏やかにリンギングして筋肉を弛緩します。

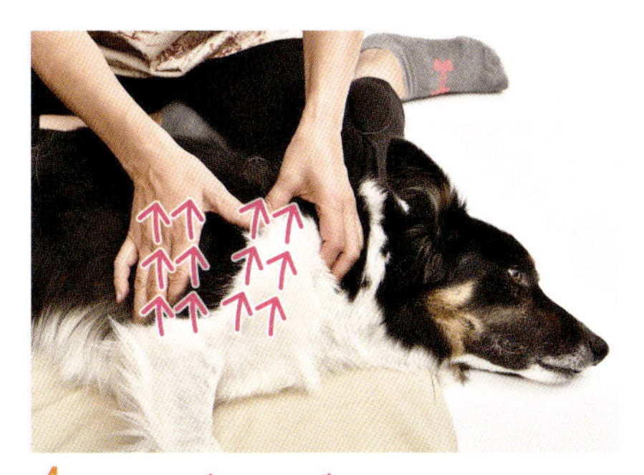

4 ニーディング

棘上筋、棘下筋を肩峰から背縁に向かって、親指でニーディングをします（20秒毎にエフルラージュ）。

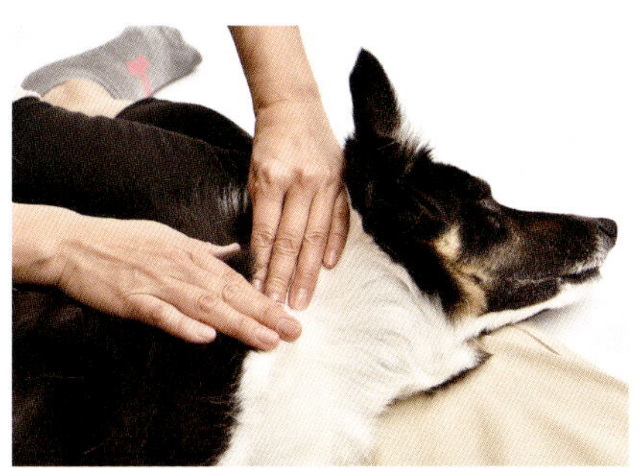

5 肩甲棘の角度に沿ってリンギング、エフルラージュで腋窩リンパに排液し、ストロークします。

6 フリクション

肩甲棘の角度に指を沿わせて肩甲骨と僧帽筋の付着部をフリクションします。

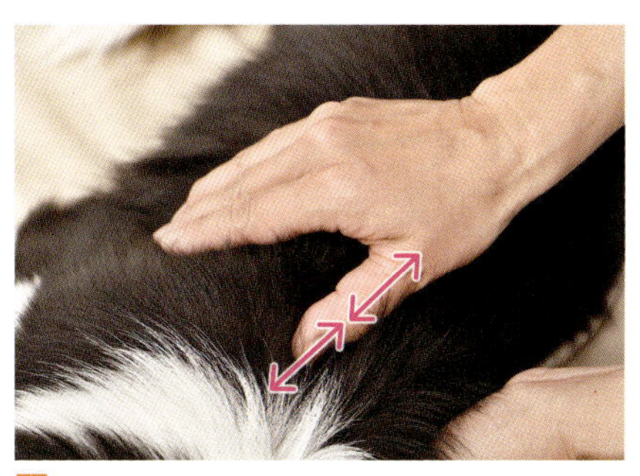

7 肩甲骨背縁と脊椎の間、僧帽筋を軽く撫でます。

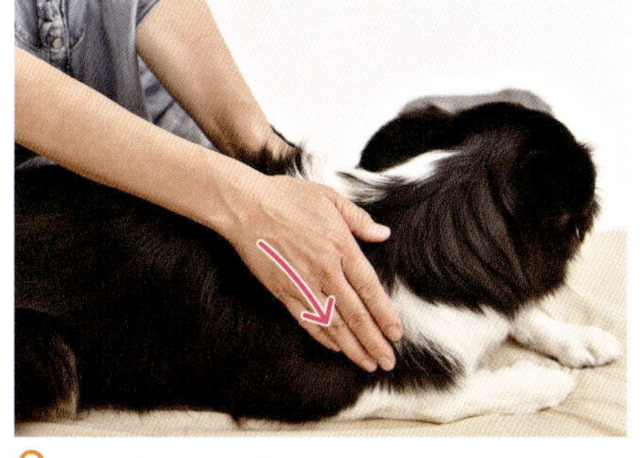

8 ストローク

ストロークでマッサージを行なった部位を、なだめて終わります。

ベーシック・マッサージ **前肢**

前腕部の筋肉を柔軟にすることで、前足の踏ん張る力を付ける

目的

体重を支える重要な前肢。各関節の可動域を広げることで体が安定

体全体を安定させ、ケガの防止にもなる

イヌは前肢で体の60 ～ 70%の体重を支えています。ご飯を食べるとき、匂いを嗅ぐときなど、前肢の強靭な踏ん張る力が必要な日常での動作がたくさんあります。多くの体重を支えている足先は後肢の足先に比べて大きくなっています。

歩くときや走るときにも肩甲骨の動きから始まり、関係する僧帽筋、棘上筋、棘下筋、そして上腕部、前腕部の筋肉の柔軟性が関節の可動域に影響します。日常のさまざまな動きを動きやすくするためにも、前肢のマッサージをしましょう。

前肢をマッサージすることにより、肩関節、肘関節、手根関節の可動域が広がり、スムーズな動きを助けます。足先のマッサージにより前肢の着地を促し、しっかりと地面を踏みしめることができ、体全体が安定します。

こんなときには？

もし足先を触れられるのが苦手な場合には、触れられて大丈夫な部位から手の指全体の甲側で足先まで触れていき、触れられることがそんなに嫌なことではないことを分からせるようにして少しずつ慣れさせましょう。

POINT 1 前肢の主な筋肉

上腕三頭筋

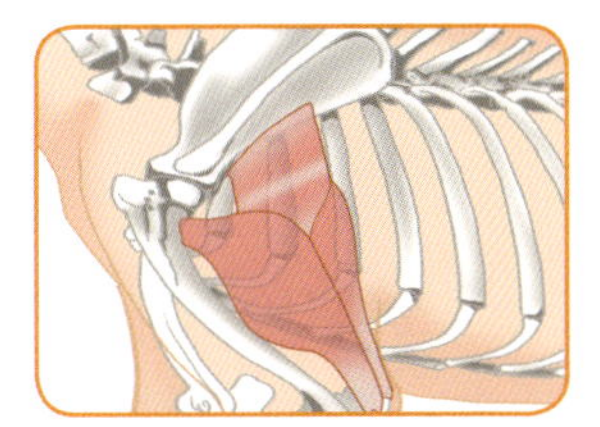

起始：肩甲骨の後縁。外側頭
停止：上腕三頭筋のほかの三頭とともに肘頭に終わる
機能：肩の屈筋および肘の伸筋

三角筋

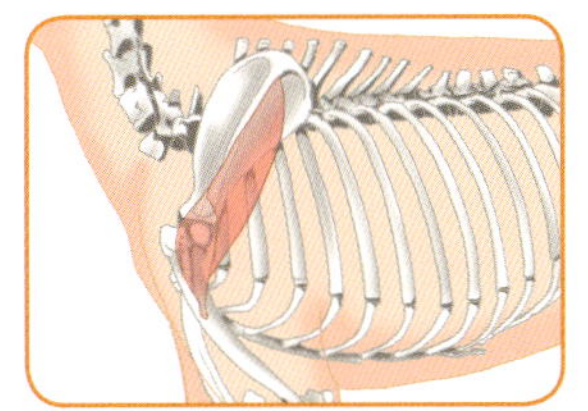

起始：肩峰、肩甲棘
停止：上腕骨の三角筋粗面
機能：肩関節の屈筋および外旋筋。前肢の外転筋

上腕二頭筋

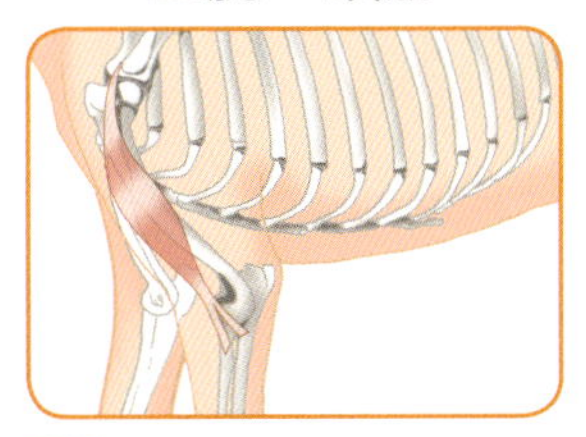

起始：肩甲骨の関節上結節
停止：橈骨と尺骨の内側縁の近位部
機能：肘の伸筋、肩の伸筋および回外筋

骨間筋

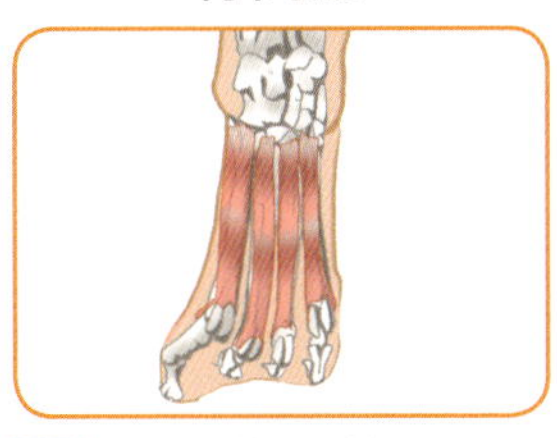

骨間筋及び屈腱袖

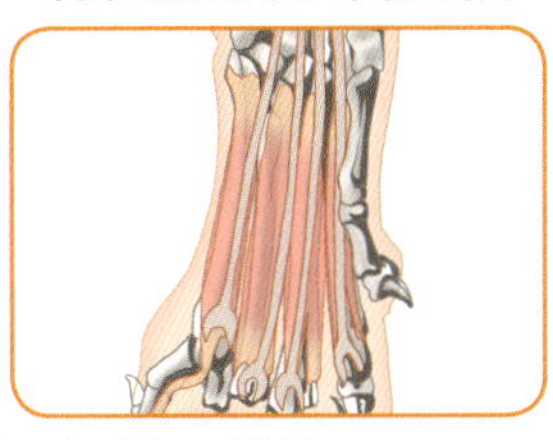

起始：第二、第三、第四、および第五中手骨の近位端
停止：各筋が２本の腱で終わり、その１本は掌側種子骨に付着し、もう１本は対応する指の背面にわたって基節骨の位置で総指伸筋腱と合一する
機能：中手指関節を保定し、指の伸展と屈曲を助ける

上腕筋

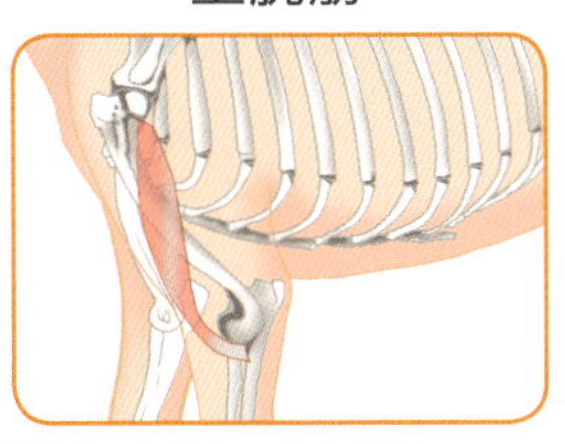

起始：上腕骨の後外側面
停止：橈骨と尺骨の前部および内側部の肘関節のすぐ遠位
機能：肘の屈筋

橈側手根筋

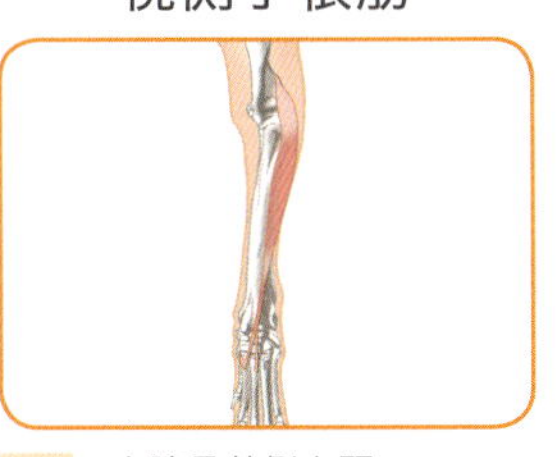

起始：上腕骨外側上顆
停止：第三中手骨近位端
機能：手根関節の伸展と固定

POINT2 アプローチする前肢の主な部位

上腕三頭筋、三角筋、上腕二頭筋、上腕筋

＼筋肉の位置を確認！／

〈ランドマーク〉 肩峰、大結節、上腕骨の外側上顆、尺骨の肘頭隆起

上腕部

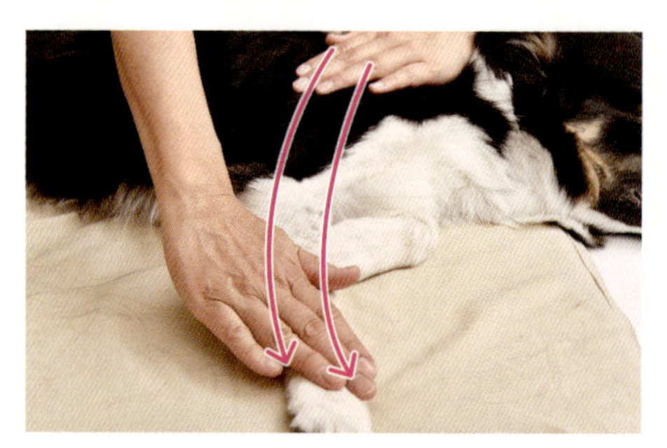

1 ストローク

肩のマッサージのあと、そのまま肩甲骨の背縁から足先まで、数回やさしく撫で下ろします。

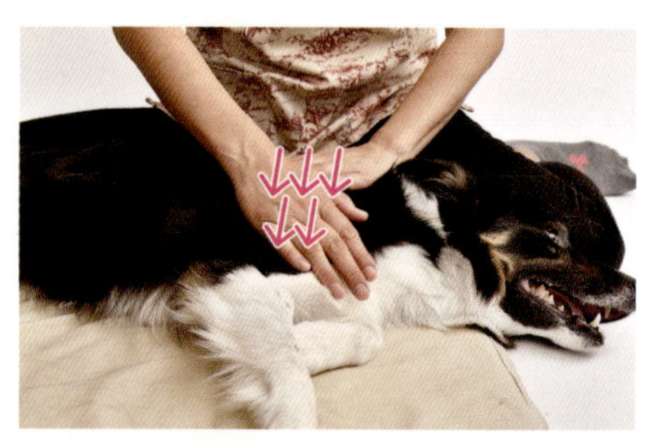

2 エフルラージュ

肩峰を目安に上腕部の付け根から足先まで上腕筋、上腕三頭筋をエフルラージュを上下に数回繰り返し、温めていきます。

3 リンギング

肩峰を目安に上腕部の付け根から肘関節近位までリンギングをします。
注：リンギングが肘関節に当たらないように。

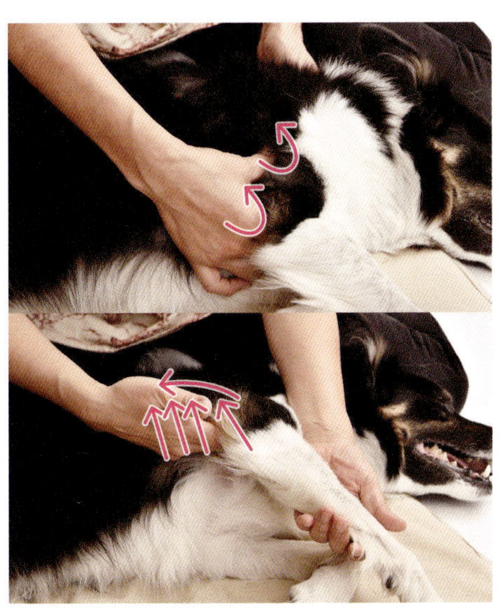

4 スクイーズ

ストロークを交えながら上腕三頭筋、上腕二頭筋,三角筋をスクイーズします。右手、左手と変えて行なうと良いでしょう。時折エフルラージュで腋窩リンパに向かって排液します。

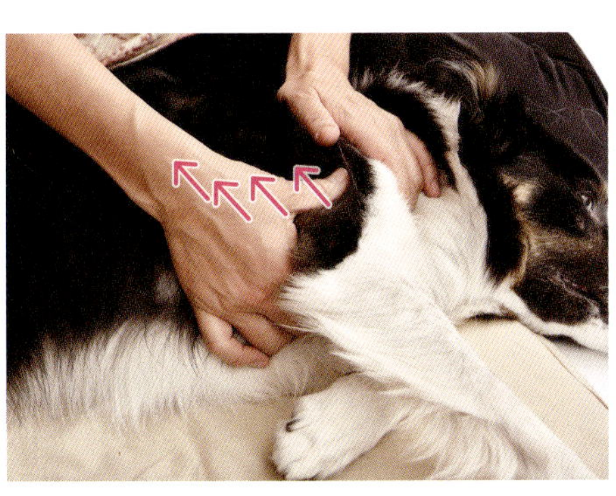

5 ニーディング

肘関節の上から上腕筋の大結節、肩峰に向かって親指でニーディングします。上腕三頭筋の腱を弛緩します。初めは軽く、少しずつイヌの反応を見ながら圧を加えていっても構いません。

6 WES (リンギング、エフルラージュ、ストローク)

これまで行なった部位をリンギング、エフルラージュで腋窩リンパに向かって排液します。そしてストロークでなだめます。

前腕部

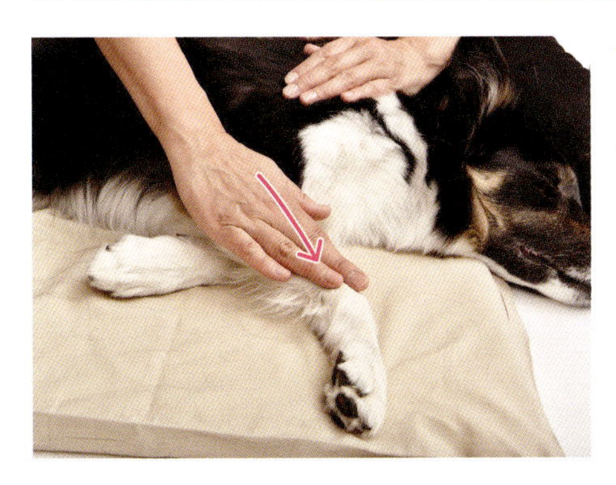

7 ストローク

上腕部から足先までストロークをします。

8 エフルラージュ

手根関節の上から肘関節の下までを撫で上げます。

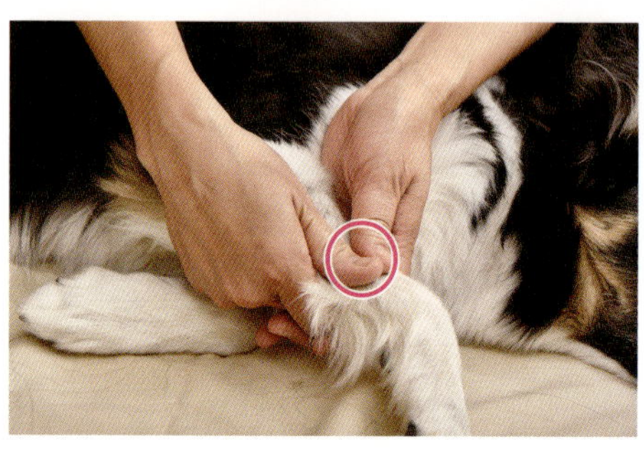

9 コンプレッション

手根関節の上から上腕部の付け根に向かって部位を数回に分けてコンプレッションをします。
注：関節の上には行なわないこと。

手根部～足先

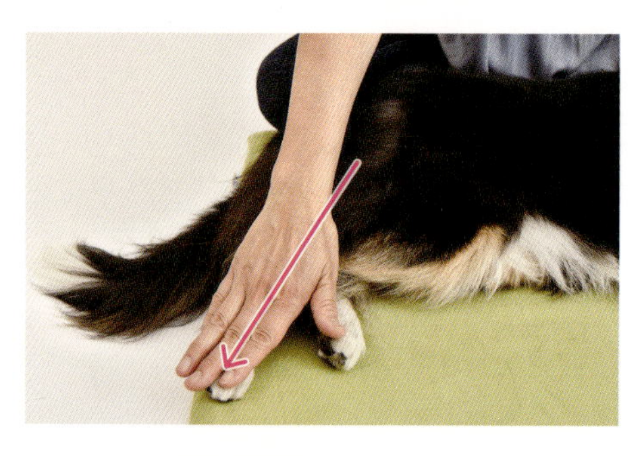

10 ストローク

足先まで地面に撫で下ろすようにストロークを行ないます。もし苦手であれば手の甲側で。

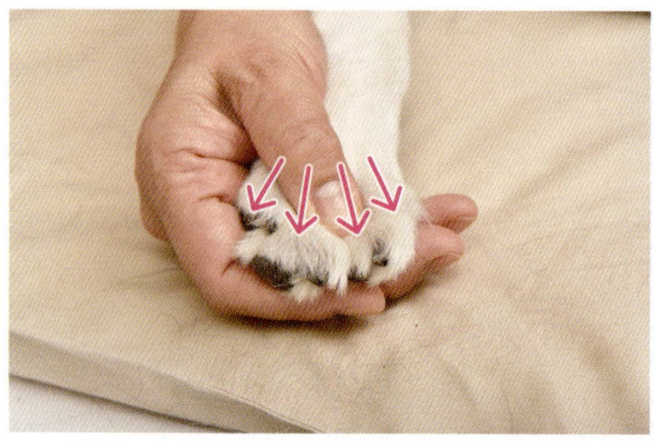

11 骨と骨の間をさする

もし、イヌが受け入れてくれるようであれば、親指の指先を使って足先を爪先に向かって骨の間をさすっていきます。

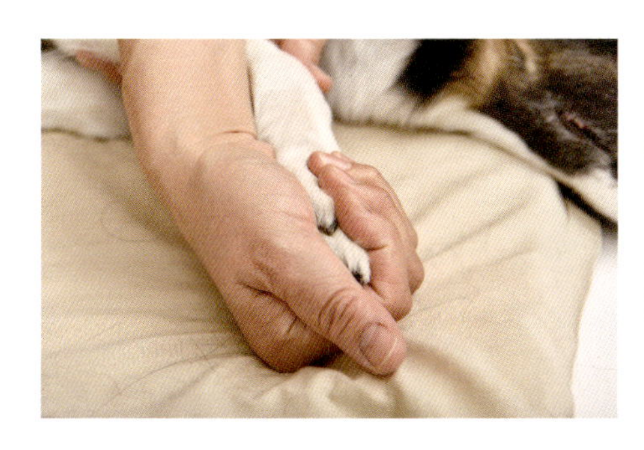

12 コンプレション

肉球と手の平を合わすようにして包み込むようにしながら、圧を加えていきます。6秒かけてじんわりと圧を加え、ゆっくりと圧を緩めます。
注:イヌの反応を見ながら。

最後に（クロージング）

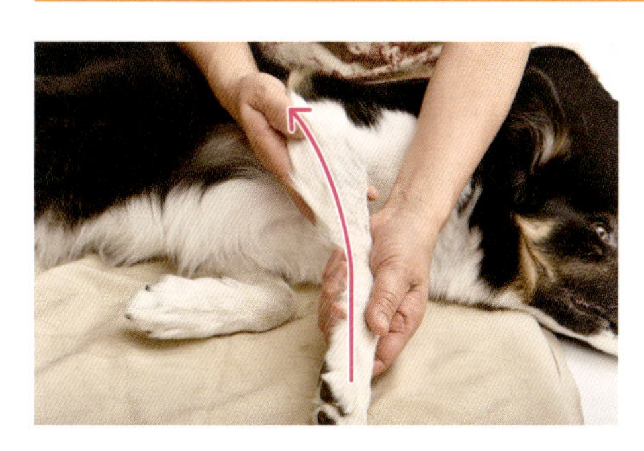

13 足先から前肢の付け根まで全体的に撫で上げます。

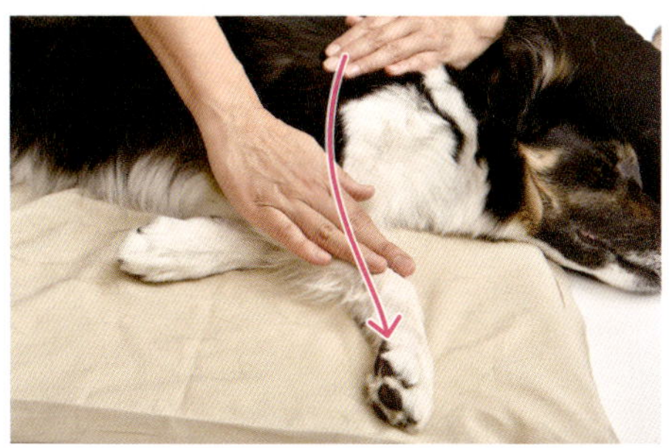

14 最後は前肢の付け根から足先まで被毛をなだめるようにストロークします。

ベーシック・マッサージ 前胸部

頭を持ち上げやすくなることで、歩行時のスムーズな動きに繋がる

目的

頸部の可動域が増え頭の上げ下げが楽に。深い呼吸を促す

硬くなりがちな胸は、緩めることで血流アップ

前胸部をマッサージすることにより、肩の上がり過ぎを楽にしてスムーズな動きを助け、また、胸部が弛緩することで頭が上がりやすくなり、体全体の動きを助けます。空気を肺に取り込みやすくします。

シニアドッグや盲導犬などのワーキングドッグにも必要なマッサージ部位です。

POINT 1 前胸部の主な筋肉

胸骨頭筋

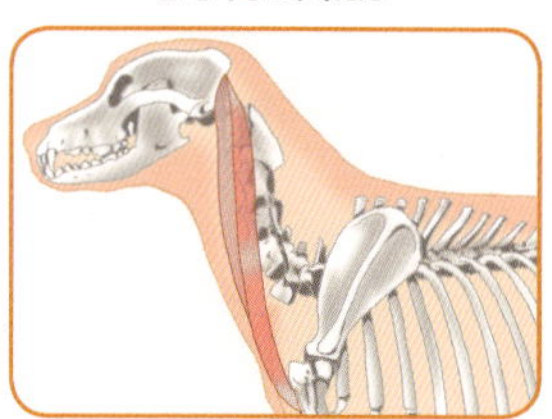

起始：側頭骨の乳様突起
停止：胸骨柄
機能：頭頸部の屈筋

浅胸筋

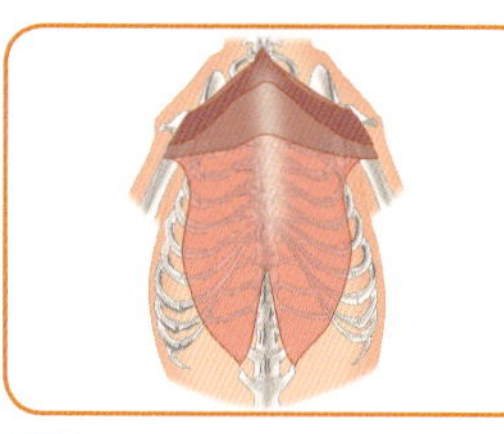

起始：肋骨柄
停止：上腕骨の大結節稜
機能：前肢の内転筋および肩関節の伸筋

深胸筋

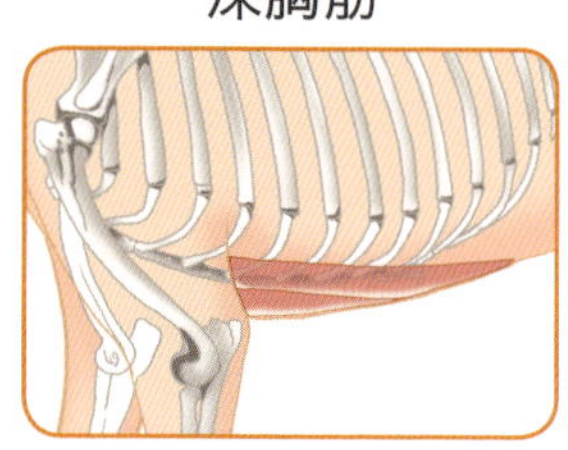

起始：胸骨、深体幹筋膜
停止：上腕骨小結節
機能：前肢を後方に引く。体幹を頭側に動かす。肩関節の伸展

POINT2 アプローチする前胸部の主な部位

鎖骨上腕筋、胸骨頭筋、浅胸筋

＼筋肉の位置を確認！／

〈ランドマーク〉大結節、側頭骨の乳様突起、胸骨柄、三角筋粗面

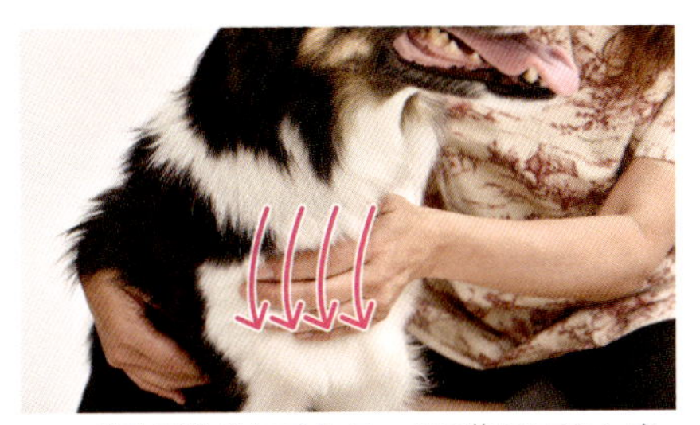

1 前胸部全体にストロークで撫で下ろします。

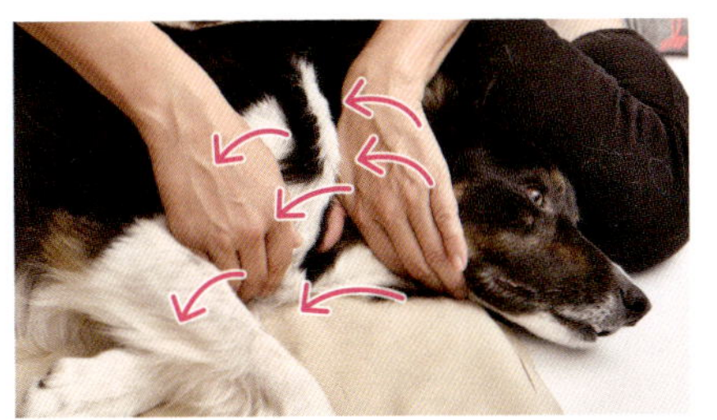

2 同じ部位全体にエフルラージュで筋肉を温めます。

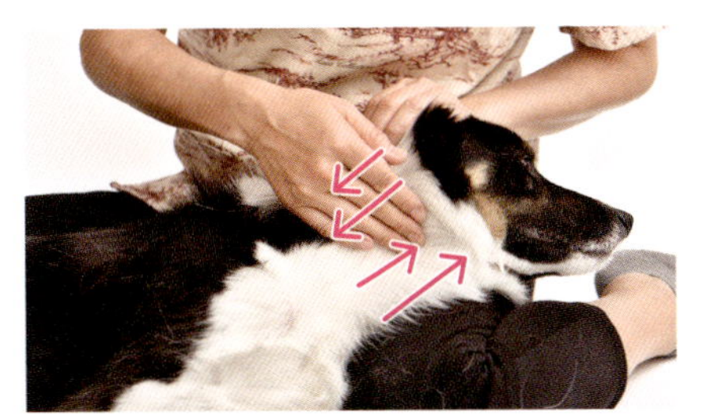

3 鎖骨上腕筋、胸骨頭筋の筋繊維に沿ってニーディング、エフルラージュ。

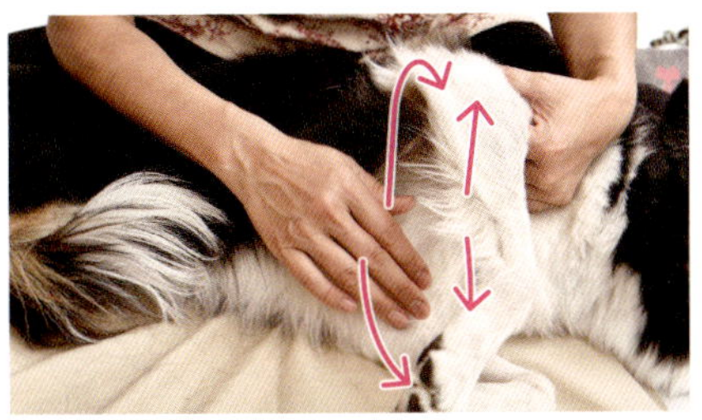

4 浅胸筋にニーディング、エフルラージュで腋窩リンパへ排液。

5 前胸部全体シェーキングしたのち、前胸部全体にWES
注意：胸骨舌骨筋の上に圧をかけてマッサージをしないこと。

ベーシック・マッサージ　背部

背中の緊張を取り、こわばりを軽減することで、走ったり跳躍したり、運動に備える

目的

背部は全身の動きに影響。柔軟性を高め体全体の動きを良くする

背中の緊張は全身に影響していく

背の最長筋が緊張すると背中が丸まったり、沈んだりと、歩き方に影響が出てきます。頭が下向きになって呼吸も浅くなり、自律神経のバランスが取りづらくなります。

マッサージすることにより、緊張がゆるみ、体全体の動きが良くなり、柔軟性が向上し、呼吸器系にも良い影響を与えます。

自律神経の安定も促し、行動面にも良い影響があります。

■背中が緊張する原因

- リードを引っ張り過ぎる
- 激しい運動
- 反復する動き
- 後肢に痛みがある
- 怖がりである
- 神経質である
- 肥満
- 他の部位からの二次的な緊張

POINT 1 背部の主な筋肉

広背筋

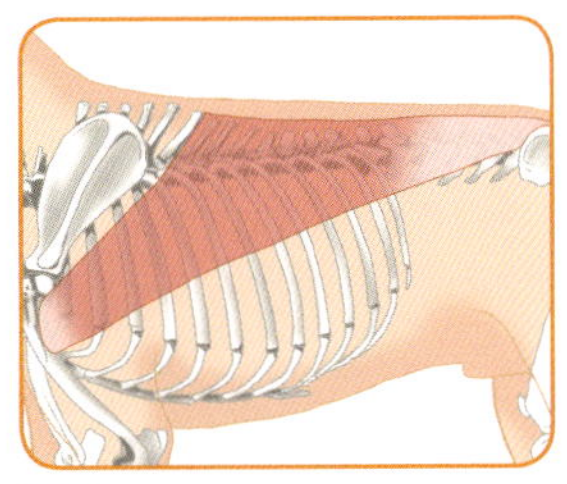

起始：胸腰筋膜（第六または第七胸椎から腰椎にわたる椎骨の棘突起、第十二〜第十三肋骨からも筋質で始まる）
停止：大円筋粗面
機能：肩の屈筋および外旋筋。体幹の側方および前方運動も行なう

胸腹鋸筋

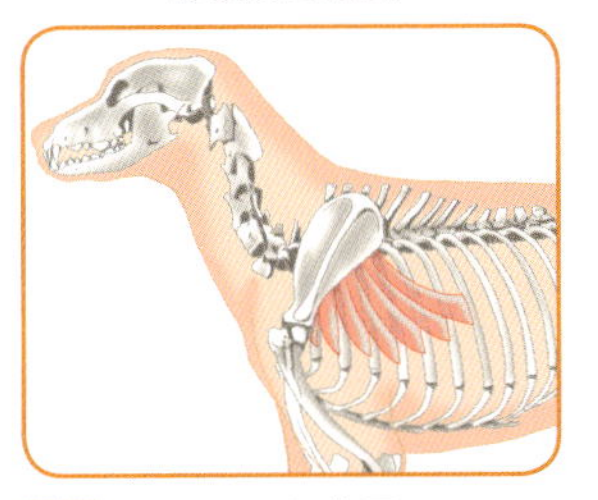

起始：肩甲骨の鋸筋面
停止：第一肋骨から第七または第八肋骨の外側面中間1/3
機能：体幹の重量を支え、吸気に関与し、頸腹鋸筋とともに歩行時に肩甲骨を前後に動かす

外肋間筋

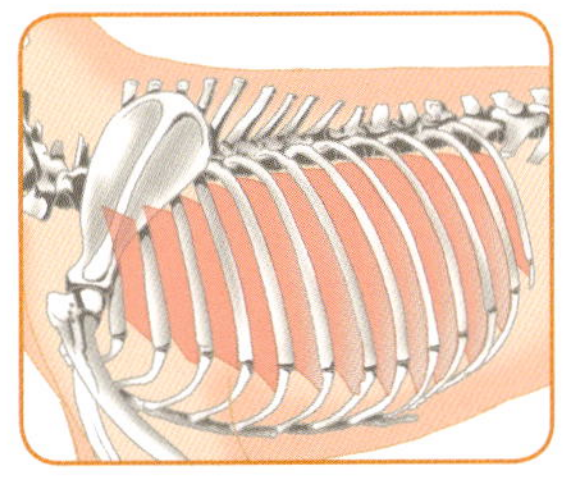

起始：各肋骨の後縁
停止：起始肋骨の後位肋骨の外側前縁
機能：肋骨を前方に引き、それによって吸気に関与する

胸、腰最長筋

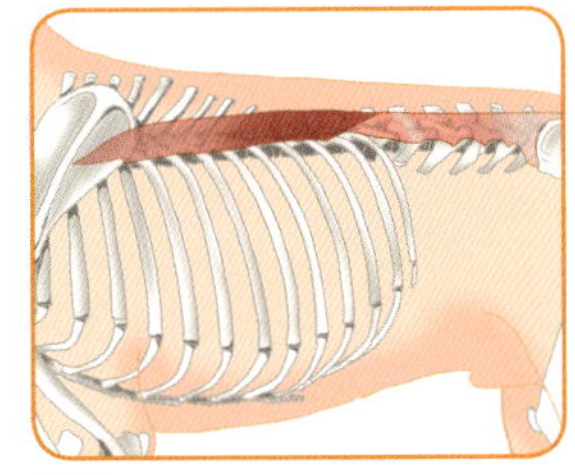

起始：胸椎、腰椎、仙椎、棘突起、腸骨稜
停止：胸椎、腰椎の横突起と関節突起および肋骨
機能：脊柱を支持する。脊椎の背屈・側屈、状態を起こす

僧帽筋

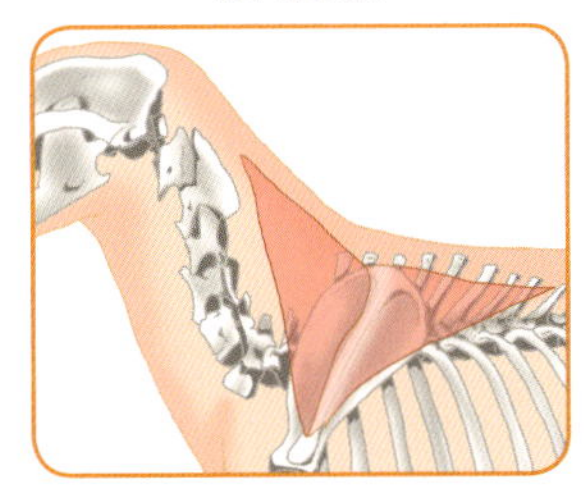

僧帽筋頸部
起始：第三頸椎〜第三胸椎の背側正中線
停止：肩甲棘
僧帽筋胸部
起始：第三胸椎〜第八胸椎の背側正中線
停止：肩甲棘の近位1/3
機能：肩甲骨の固定、前肢の挙上と外転

POINT2 アプローチする背部の主な部位

広背筋、胸腹鋸筋、外肋間筋

＼筋肉の位置を確認！／

〈ランドマーク〉胸椎、腰椎の棘突起、第十三肋骨

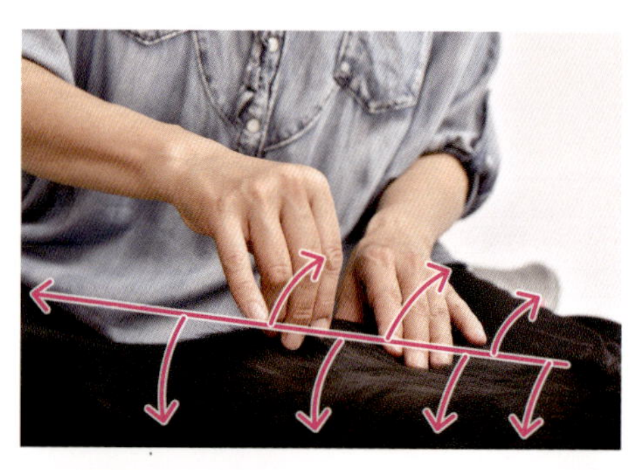

1 ストローク

背中全体をストローク
尾の方向に向かって、背から腹側に向かって。

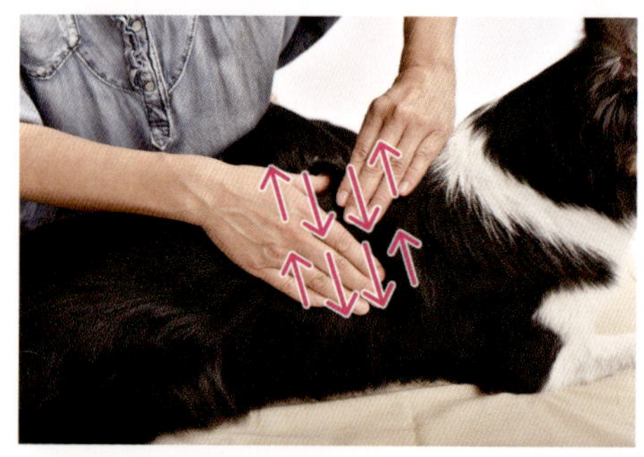

エフルラージュ

ストロークをした部位に。
被毛に沿うように、また逆らうようにエフルラージュを行ないます。

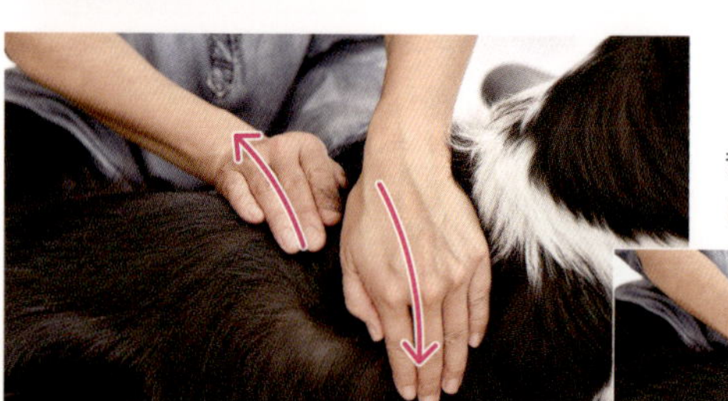

リンギング

背中全体に、被毛の上を手で滑らせるようにして、リンギングを行ないます。

2 ニーディング

背中の広背筋、胸、腰最長筋の筋肉を緩めるために、指か手の平の側面で軽くニーディング。
注：この時に背骨には触れないこと。

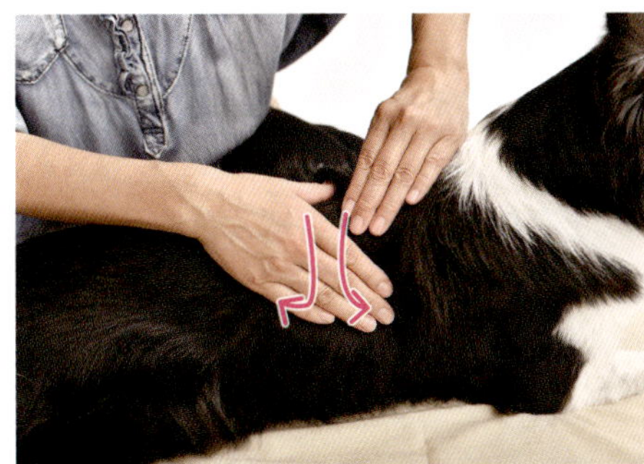

3 ニーディング

胸部に4本の指でニーディング。背骨の際から腹側に向かって指先を揃えて半円を描くように交互に滑り下ろす。

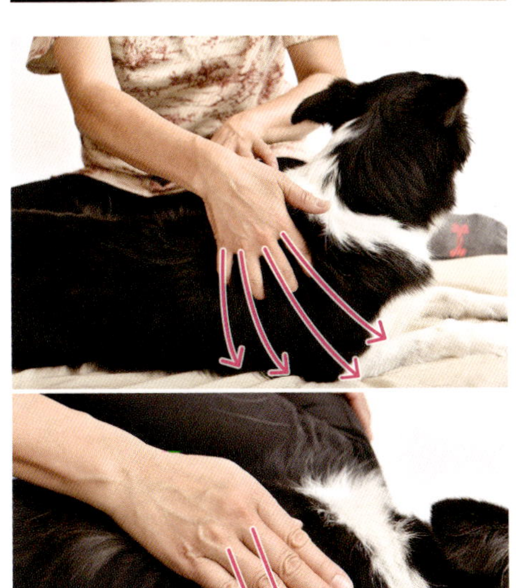

4 肋間筋を軽くエフルラージュ。

肋骨13対の頭側半分は腋窩リンパの方向へ、尾側半分は鼠径リンパの方向へ指先を少し広げて肋骨の間に指を入れるように指を滑らせます。次に指を閉じ、エフルラージュで肋骨13対の頭側半分は腋窩リンパの方向へ、尾側半分は鼠径リンパの方向へ排液を促します。

5　スキンローリング

被毛に沿ったり逆らったり、斜めに横切ったり、いろいろな方向にスキンローリングを行ないます。筋膜ストレッチとなります。

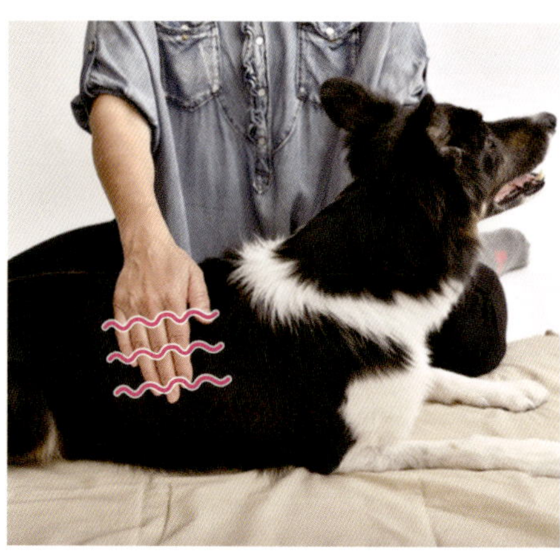

6　シェーキング

手の平を当て、筋肉をブルブルと揺らすように3秒程度震わせます。部位を移動し、同様に行ないます。

オプション: タポートメント タッピング

背中全体に軽いリズミカルにタッピングを行なっても良いでしょう。

ピンスメント

指先を滑らせて、皮膚から毛をすくい上げるようにして、毛の先まで指を滑らせます。軽くリズミカルに行ないましょう。

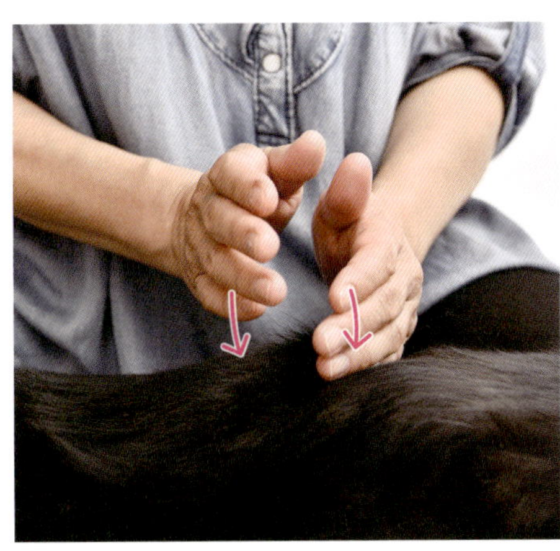

チョッピング

最後に、全体をリンギングを行なった後、前半分は腋窩リンパに、後ろ半分は鼠径リンパにエフルラージュして排液します。被毛に沿ったストロークでなだめます。
指先の力を抜き、ごく軽く、指先を下します。

■**タポートメントとは?**
マッサージ・テクニックのグループの名前です。タポートメント(Tapoter)はフランス語の動詞の叩く、手で打つという意味からきています。以下のテクニックがあります。

・タッピング　　・カッピング
・チョッピング　　・ピンスメント

タポートメントをするのは、体幹部、大腿部など、イヌの体の大きな筋肉の部位にのみ施します。以下の部位には施しません。

△骨ばった部位　　△妊娠しているイヌ
△神経の麻痺がある部位

タポートメントを行なう際には、手首を柔軟にして、指先の力は抜いておきます。指に力が入っていると指の関節があたり、イヌに痛みを与えてしまいます。行なう際には同じ部位に続けてするのではなく、移動しながら短時間で行ないましょう。

ベーシック・マッサージ **腰部**

腰の筋肉の緊張を緩めることで、後肢全体の動きが良くなる

目的
股関節や膝にも影響する筋肉は、イヌにとって重要な動きにつながる。特にシニアでは気を付けたい部位

跳躍力や走るための原動力となる筋肉

腰の筋肉、中殿筋が、浅殿筋の状態を良い状態に保つことで、後ろ足の動き、体全体の動きを良くします。

後躯の大きな筋肉はイヌの動きの原動力となる大切な部位です。腰の筋肉は腸骨にしっかりと固定されていて、大腿骨を動かす筋肉は、中殿筋、浅殿筋、大殿筋、縫工筋、大腿四頭筋、大腿筋膜張筋です。

中殿筋が緊張すると、臀部の動きが制限されてしまい、後肢の可動域が減少します。後肢の動きが悪くなると背中に負担がかかり、全身の動きがぎこちなくなってしまいます。体の要となる腰をマッサージしていたわりましょう。

POINT1 腰部の主な筋肉

中殿筋

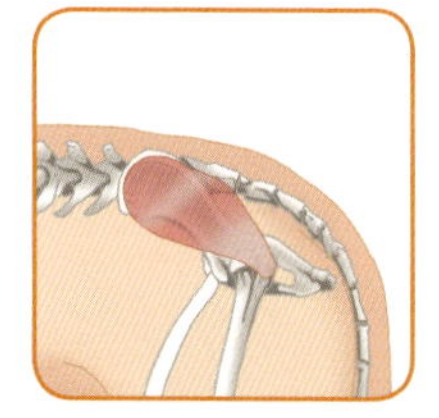

起始：腸骨稜
停止：大転子
機能：股関節の伸筋

浅殿筋

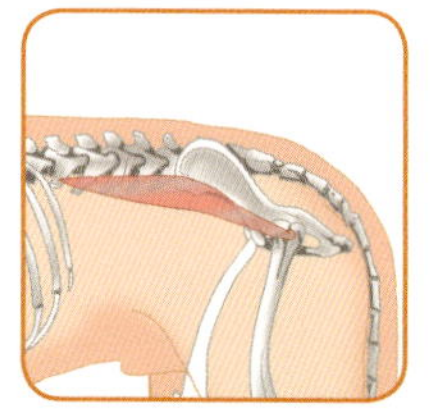

起始：殿筋膜と仙結節靭帯
停止：大腿筋膜
機能：股関節の屈筋

腸腰筋

起始：大腰筋は腰椎の椎体と横突起の腹側面、腸骨筋は腸骨翼の腸骨面
停止：共通の腱で大腿骨小転子
機能：股関節と体幹の屈筋

POINT2 アプローチする腰部の主な部位

中殿筋、浅殿筋

筋肉の位置を確認！

〈ランドマーク〉 寛結節、仙結節、腸骨稜、坐骨結節、大転子

1 ストローク、エフルラージュ、リンギング

中殿筋、浅殿筋の筋繊維に沿ってストローク、エフルラージュを行ないます。筋肉が温まったら、筋繊維に垂直にリンギングを行ないます。

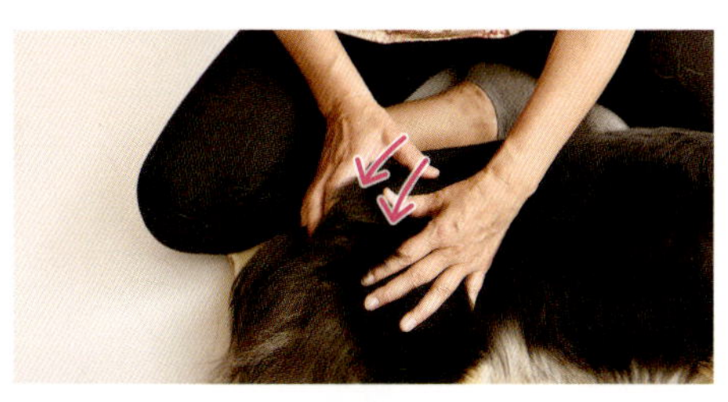

2 ニーディング

親指もしくは4本の指で筋繊維に沿ってニーディングを行ないます。

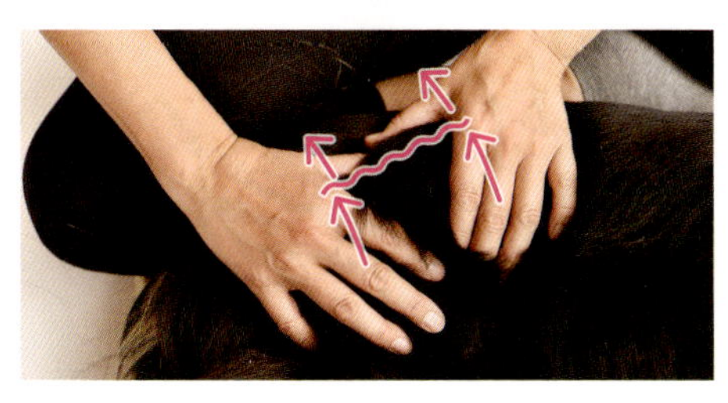

3 フリクション

親指の側面全体を使い、筋繊維と平行になるようにし、軽くフリクションを行ないます。

リンギング、エフルラージュ、ストローク

リンギング、エフルラージュで被毛に沿ってストロークをしてなだめます。

ベーシック・マッサージ **後肢**

後肢の各関節の動きを良くしていくことで、背中の負担を軽減する

目的

各関節の可動域が広がって動きが良くなり、背中への負担が軽減。筋力の衰えを防止

後肢全体が緩むことで、精神的にもリラックス感が

後肢をマッサージすることにより、緊張しがちな腱は緩み、肢の先まで血液循環が良くなります。股関節、膝関節、足根関節の可動域が広がり、後肢の動きが良くなることで、背中の負担が軽減されます。

また、後肢の着地を促し、ケガの防止に繋がります。また不安になりやすい、緊張しやすいイヌは、足先がとても緊張しています。足先をマッサージすることで精神面へのリラックスも期待できます。

体全体の30～40%の体重を後肢で支えているため、高齢になると足腰の筋肉から衰えてきます。マッサージで血流を促し、栄養を与え、柔軟性を維持して筋力の衰えを防ぎましょう。

■後肢の筋肉が緊張する原因

※アジリティーやディスクによる過度な運動
※過度なトレーニング
※遺伝性によるもの
※足先のグリップ力が弱いイヌ
※肩や前肢の緊張からくる代償性緊張
※栄養が影響
※外傷の影響
※肥満によるもの

POINT 1 後肢の主な筋肉

大腿筋膜張筋

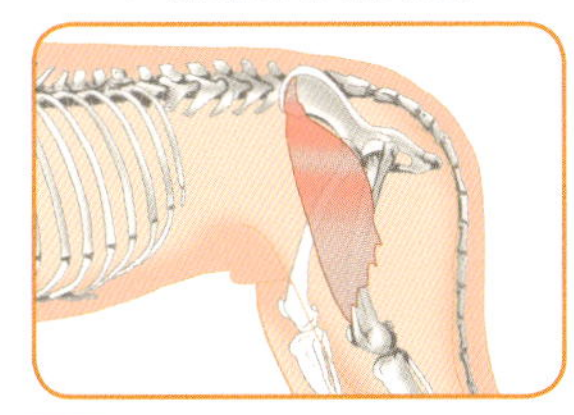

起始：寛結節および腸骨体
停止：大転子
機能：股関節の伸筋および膝の伸筋

大腿二頭筋

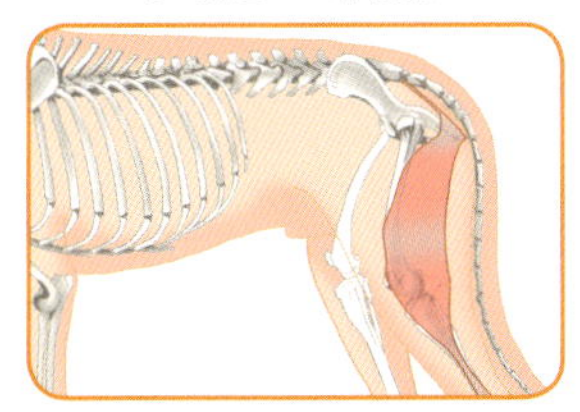

起始：坐骨結節および仙結節靭帯
停止：膝蓋骨前面
機能：膝の屈伸、足根の伸展および後肢の外転

縫工筋

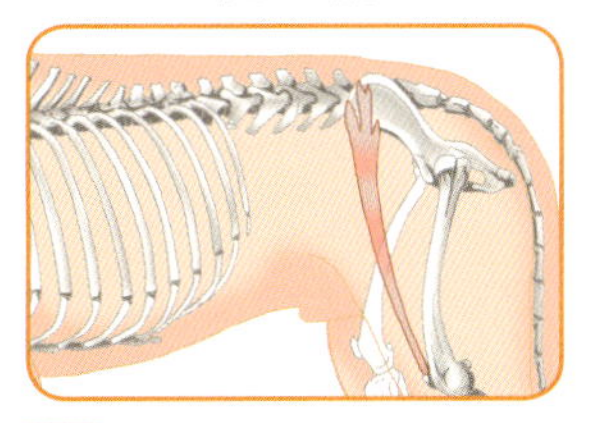

起始：腸骨稜
停止：膝蓋骨底
機能：後肢が接地しているときは股関節の屈筋、挙上しているときは膝の伸筋

半腱様筋

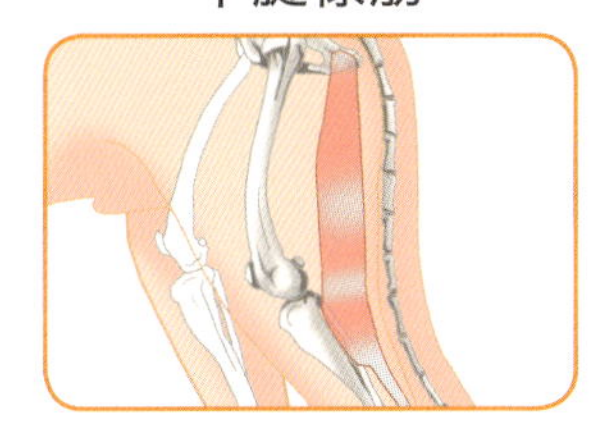

起始：坐骨結節
停止：１本は脛骨内側面に、もう１本は踵骨隆起
機能：股関節と足根関節の伸展、膝関節の屈曲

内転筋

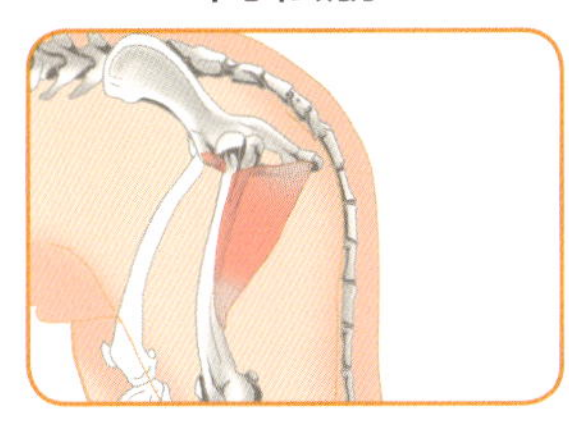

起始：大内転筋は骨盤接合、長内転筋は恥骨
停止：大内転筋は大腿骨粗面の外側唇、長内転筋は大腿骨後面の転子窩の近く
機能：股関節の内転、後肢の尾側への引き出し

半膜様筋

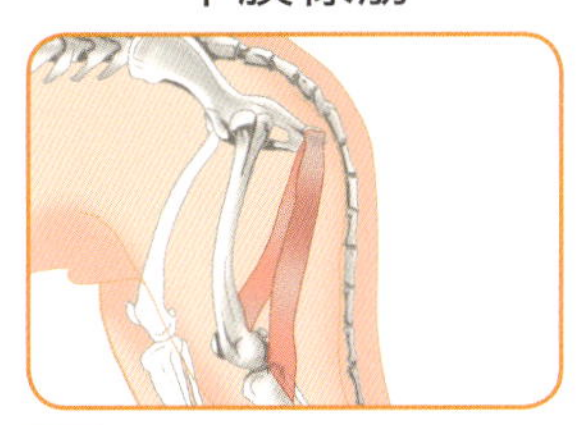

起始：坐骨結節
停止：２本の腱で大腿骨粗面の内側唇と脛骨内側面の近位部に終わる
機能：足が接地した状態は股関節の伸筋、運動時には前腹が股関節の伸筋、後腹が膝の屈筋

大腿四頭筋

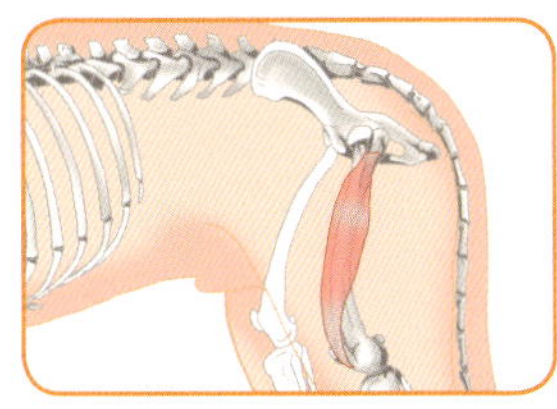

起始：大腿骨の外側面及び外側縁
停止：膝蓋骨
機能：膝の伸筋

腓腹筋

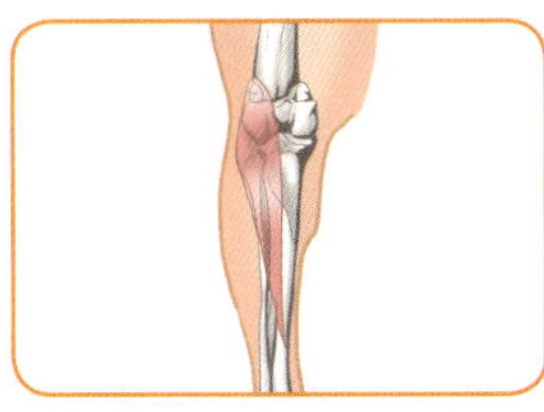

起始：大腿骨の外側顆上粗面
停止：踵骨隆起
機能：膝の屈筋および足根部の伸筋

骨間筋

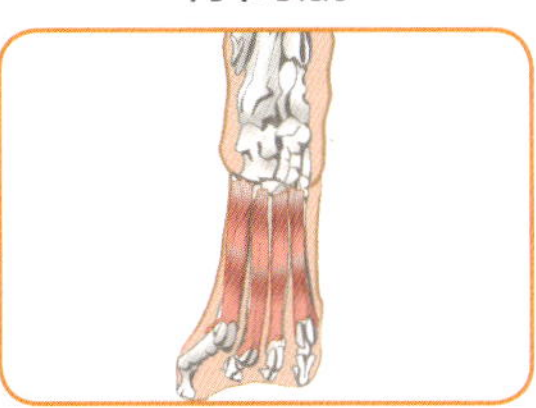

起始：第二、第三、第四、および第五中足骨の近位端
停止：各筋が２本の腱に分かれ、対応する趾の底側種子骨と背側面に終わる
機能：各筋が中足趾節関節を一緒に保定し、趾節部の伸展と屈曲助ける

POINT 2 アプローチする後肢の主な部位

大腿筋膜張筋、大腿二頭筋、縫工筋、半腱様筋、腓腹筋、骨間筋

＼筋肉の位置を確認！／

〈ランドマーク〉大転子、寛結節、仙結節、腸骨稜、坐骨結節、大腿骨の外側顆

大腿部

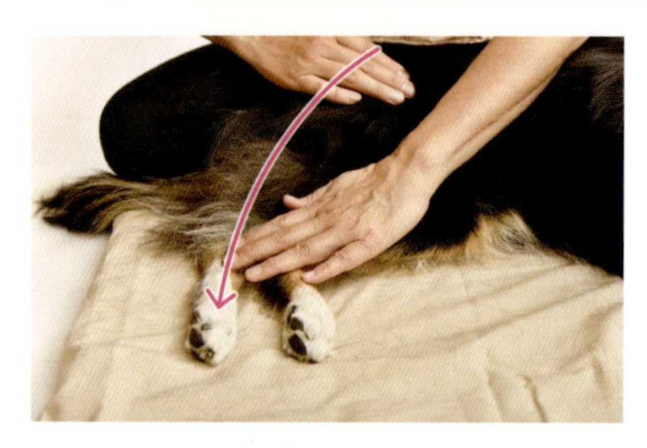

1 ストローク

腰部のマッサージのあと、そのまま中殿筋からの後肢の足先まで、数回やさしく撫で下ろします。

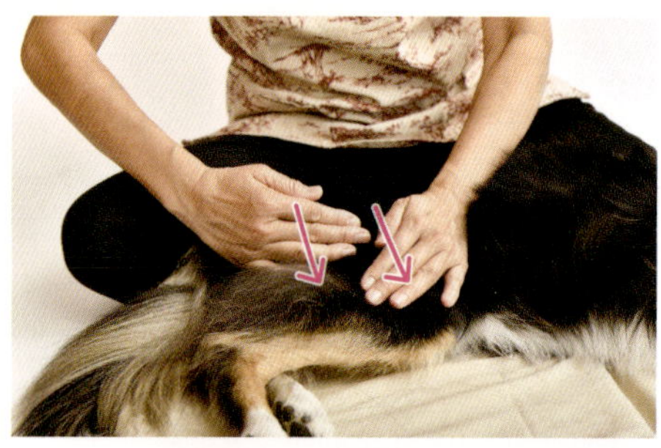

2 エフルラージュ

大転子の下から、大腿部全体にエフルラージュを上下に数回繰り返し、温めていきます。

3 リンギング

大転子の下から、大腿部全体をリンギングします。
注：リンギングが膝関節に当たらないように。

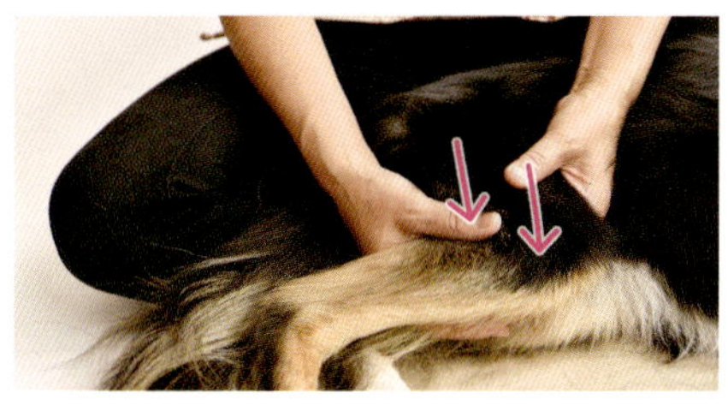

下腿部

7 ストローク

足根関節の近位部から膝関節の遠位部に向かって指を揃えて軽くストロークします。

8 足根関節の近位部から膝関節の遠位部まで親指と２～４本の他の指を挟むようにして撫で上げます。

9 スクイーズ

腓腹筋をやさしくスクイーズ。

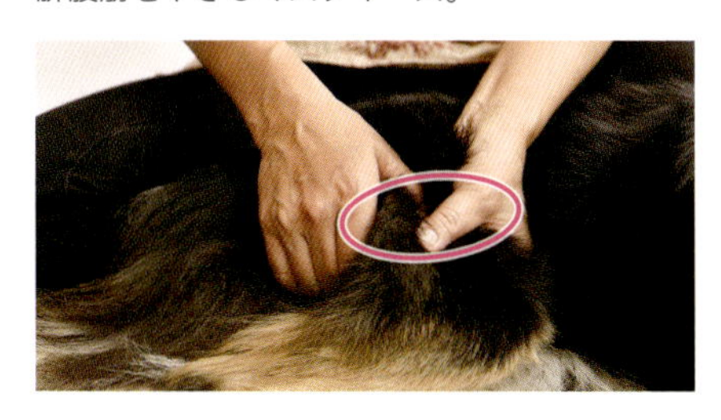

10 コンプレッション

足根関節の近位部から大腿部の付け根に向かって部位を数回に分けてコンプレッションをします。
注：関節の上には行なわないこと。

4 前から挟み込むようにして、大腿筋膜張筋、大腿四頭筋、縫工筋をスクイーズ、手を変えて後ろから挟み込むようにスクイーズで筋肉をほぐします。

5 ニーディング

膝関節の上から大腿骨の大転子、腸骨の寛結節、坐骨結節を目安に向かって親指全体の側面でニーディングします。

6 WES

これまで行なった部位をリンギング、エフルラージュで鼠径リンパに向かって排液します。そしてストロークでなだめます。

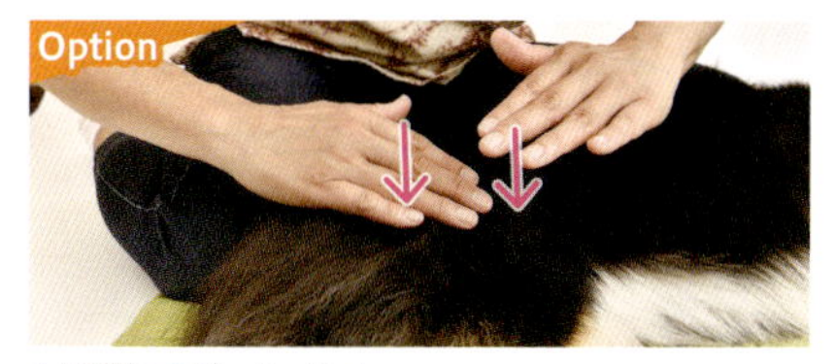

大腿部にタポートメント

足根部～足先

11 ストローク

足先まで地面に撫で下ろすようにストロークを行ないます。もし苦手であれば手の甲側で。

12 骨と骨の間をさする

もし、イヌが受け入れてくれるようであれば、親指の指先を使って足先を爪先に向かって骨の間をさすっていきます。

13 コンプレッション

肉球と手の平を合わすようにして包み込むようにしながら、圧を加えていきます。

14 足先から大腿部の付け根まで全体的に撫で上げます。

15 最後は大腿部の付け根から足先まで被毛をなだめるようにストロークします。

column

皮膚から細胞に働きかける“タッチケア”について

《タッチケアとマッサージの関係性》

「マッサージ」とは、骨格や筋肉の解剖学、バイオメカニクスの知識を基に筋肉にさまざまな手技を用いてアプローチをすることで身体的効果を得ます。

「タッチケア」とは体表面を優しく包み込むように触れたり軽く撫でる方法で、細胞に穏やかな刺激を与え、神経経路を活性化させ、身体意識を向上したり精神、感情に働きかける心と身体のケアです。誰もが簡単に「愛情のこもった手と心」があれば、場所を選ばず、いつでもできます。代表的なものには「テリントンTタッチ」「プレイズタッチ」「氣功」などがあります。

《大好きな人から触れられること、愛するイヌに触れること》

イヌは信頼する大好きな家族から愛情のこもった手で触れられることで、生きている上でもっとも基本的な満足感、繋がりを感じることができます。タッチを行なうあなたも愛するイヌの柔らかい被毛に触れ温かさを感じることで、イヌも人も体内ではオキシトシンが誘発されます。オキシトシンは別名「絆ホルモン、愛情ホルモン」と言われているホルモンです。

それは安らぎと結びつきを生み出し、絆を強めるホルモンです。そしてオキシトシンが多く誘発されることで不安を軽減し、ストレスに打ち勝つ力を増強し、自己治癒力や免疫力を高めていきます。

《穏やかな愛情のこもったタッチケアはお互いのストレスを軽減する》

～イヌへの恩恵～

イヌも人と同じようにストレスを感じます。心理的、環境的、身体的なストレスが精神面に悪影響を与え、それは感情面のバランスを崩します。普段はおとなしいイヌが身体の不快さを感じていると怒りっぽくなったり、吠え癖がなかったイヌが家族と離れたり急激な環境の変化で吠えるようになったり。

ストレスを受けることで誘発されるストレスホルモンは、身体にも悪影響を及ぼします。家族が簡単にできるタッチケアがイヌのストレスを軽減し、精神、感情面の健康を促し病気の予防に繋がります。そして情緒が安定することで自己に自信を持ち学習能力を高めます。

～人への恩恵～

深い自然な呼吸を心がけ、思考することを休み、ただ目の前にいる愛するイヌの柔らかい被毛に触れ温かさを五感で感じます。触覚を通して今この一瞬を意識することができます。深い呼吸で自律神経のバランスを促し、この一瞬一瞬の時間に心を丁寧に傾けることによりストレスを軽減させ、身体と心に良い影響を与えます。

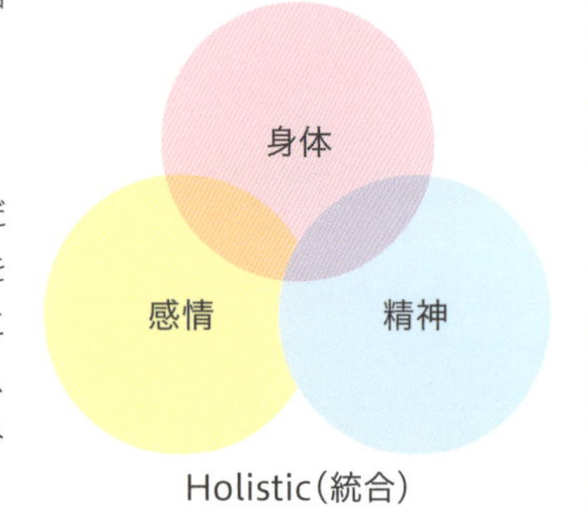

Part 3

機能を回復させるボディケア

- 毎日3分のプレイズタッチ®で心を通わせる時間を送る
- シニアドッグへの優しいケアが生活の質（QOL）を向上させる
- ケース別ボディケア
- 筋肉の柔軟性を高めるストレッチ
- 犬種別ストレス・ポイント

タッチケア

プレイズタッチ®

毎日3分のプレイズタッチで、心を通わせる時間を送る

誰もができるタッチケア

プレイズタッチとは、マッサージとは違い解剖学の知識は必要がなく、老若男女、誰もが簡単にできる愛犬へのタッチケアです。

数分間でも思考することをお休みして、愛犬とだけ心を通い合わせるマインドフルな時間を送りましょう。

家族の優しい手で触れられることで、愛犬と飼い主さんとの双方の心身に良い影響を与えます。愛犬の存在、一緒に過ごす一瞬一瞬のかけがえのない時間に感謝をして繋がり合いましょう。

Praise = 存在に感謝をする。一緒に過ごす一瞬一瞬のかけがえのない時間に感謝

Touch= 触れ合い通して繋がり合う静かで平和な時間

プレイズタッチには、毎日、朝昼晩、またシチュエーション毎にできる「大好き」「おはよう」「おやすみ」の3つのルーティンがあります。一つのルーティンは6～8種類のタッチの方法を一連の流れで行ないます。

プレイズタッチの利点

＊人とイヌ双方の体と心に良い影響を与える
＊リラックス
＊ストレスを軽減する
＊オキシトシンの誘発を促す
＊自律神経のバランスを促す
＊マインドフルな時間

プレイズタッチの有効性

・身体意識(感覚)の向上=体全体の動きの向上、運動機能の向上
・脳への刺激=認知症の予防、改善
・自信を構築 =ストレス減少
・不安を改善=問題行動の改善
・毎日の体調の確認=病気の早期発見
・過去のトラウマの減少=ストレス減少
・呼吸器系、泌尿器系、循環器系の機能の維持、改善
・代謝の促進、体液循環の促進
・痛みの緩和

大好きのルーティン

毎日の日課となるメンテナンスタッチ

1 全身のストローク

タッチが始まる挨拶、後頭部から尾の先、肩から前肢の足先、肩から後肢の足先、（片側も同様）最後に後頭部から尾の先まで。

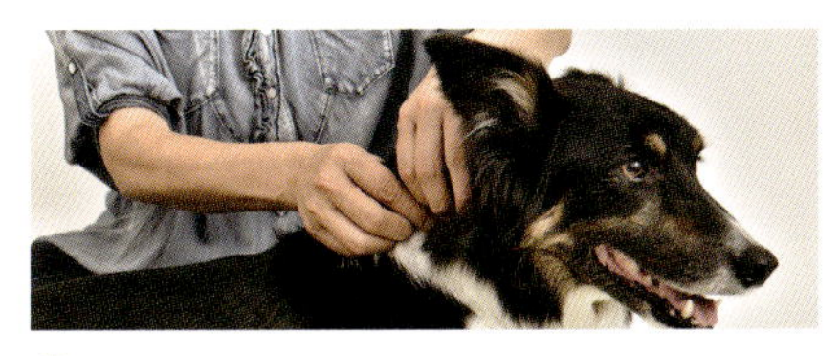

2 首周りのスクイーズ

首の緊張を和らげる
息を吸いながら大きく皮膚を持ち上げ吐きながらゆっくりと元に戻します。

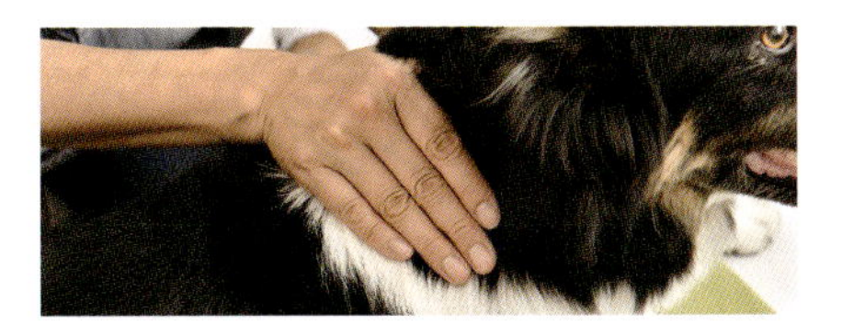

3 首周りのサークルタッチ

首周りのコリを取る
指全体を首周りに右回りに円を描き皮膚を動かし一つ円を描いたら次の部位に移ります。

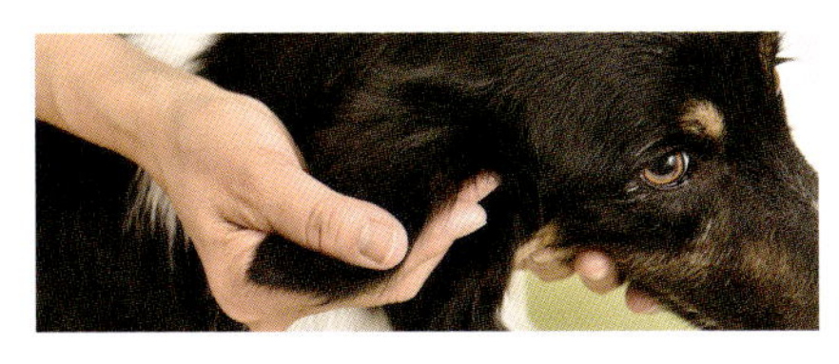

4 耳のストローク

イヌに落ち着きを与える。

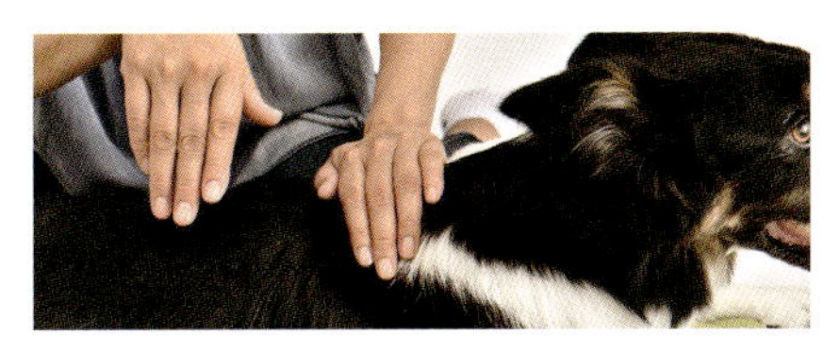

5 背中のエフルラージュ

背中のこわばりを取る
交互に手を返しながら滑らかに後頭部から尾の付け根までエフルラージュします。

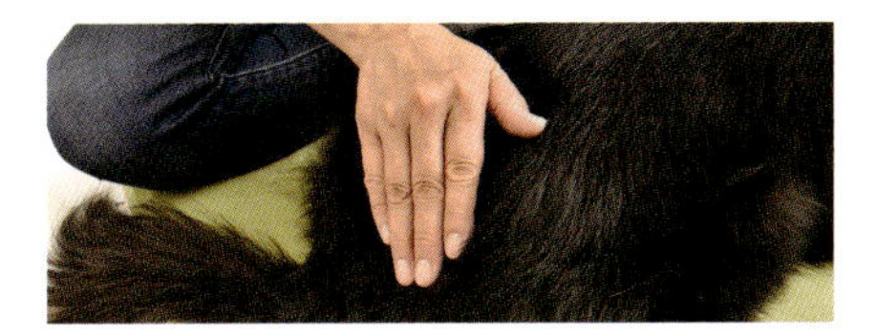

6 尾の付け根のサークルタッチ

自律神経のバランスを整える
指全体で被毛の上を滑らせるように軽く円を描きます。右回りに3回、左回りに12回。

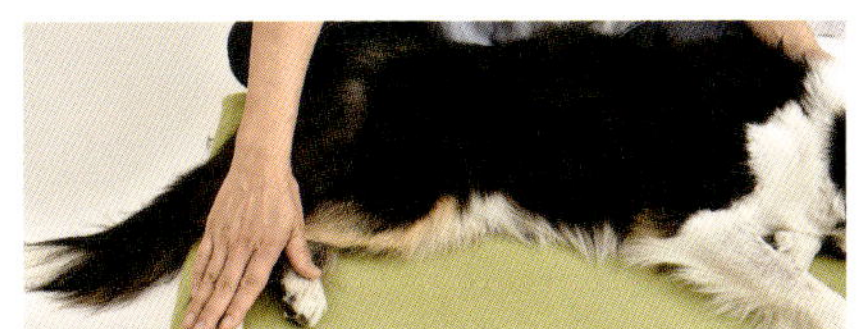

7 Wのタッチ

身体意識を向上
手の平全体を使い指を広げたりすぼめたりしながら体側面を撫でていきます。
尾の付け根→右後肢足先→腰→お腹→肩→右前肢の足先、反対側も同様に。片側2往復。

※スクイーズとサークルタッチ

小型犬4回、中・大型犬6 ～ 8回

おはようのルーティン

朝のお散歩前やリフレッシュさせたいときのタッチ。明るく元気な気持ちで行なえば、イヌの元気を呼び起こしてくれます。シニアにお勧めのルーティンです。

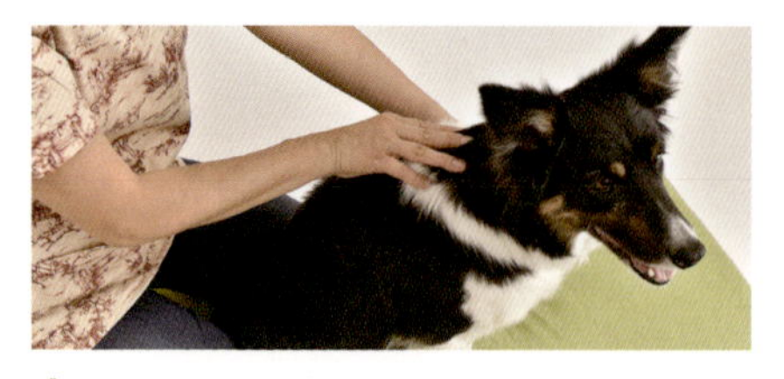

1 全身のストローク

指を少し広げ、指先の軽い力で毛をかき分けるように撫でます。
Point!　心身に軽やかな刺激を与えるためにストロークのスピードは少し早めに。

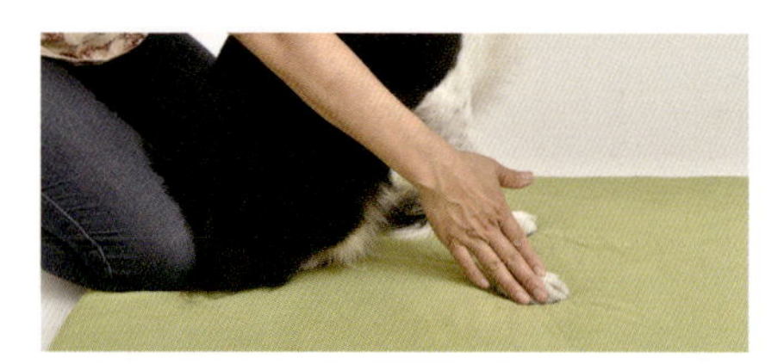

2 交差ストローク

体液の循環を促す、体の繋がりを再認識
右前肢から左後肢の往復、次に左前肢から右後肢までの往復と、2往復ずつ交差をするように撫でます。

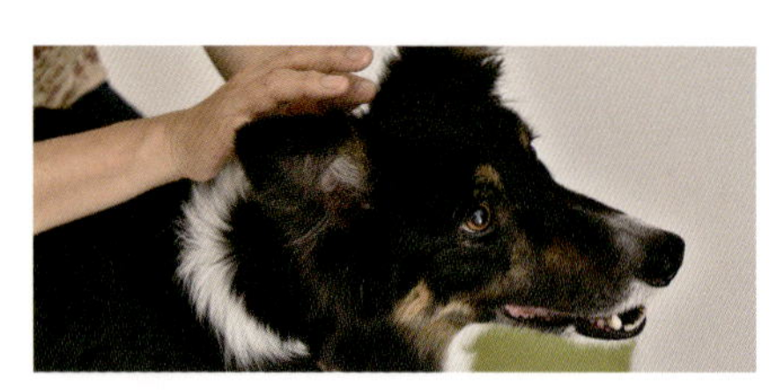

3 頭部のレインドロップ

緊張を和らげ、リラックスと集中を促す
人差し指、中指、薬指の三本の指先を使い、極々軽い力、まるで静かな雨が当たるようにタッチをします。目安は10秒程度。

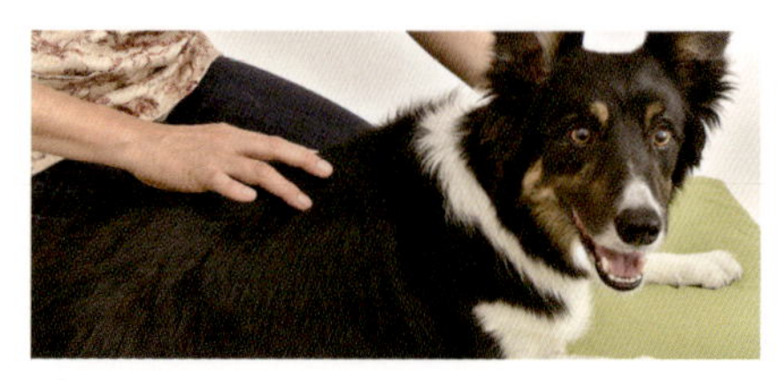

4 背中にレインドロップ

身体意識を高める、自律神経のバランスを整える
背中、尾の付け根までレインドロップを背骨に当たらないように軽い力で行ないます。

5 スノーフレーク

体の元気を呼び起こす
肩から臀部までの毛先に触れるように、手首の力を抜き、指先を振るようにリズミカルに動かします。左右それぞれ一往復します。
Point!　毛先についた粉雪を払うように。

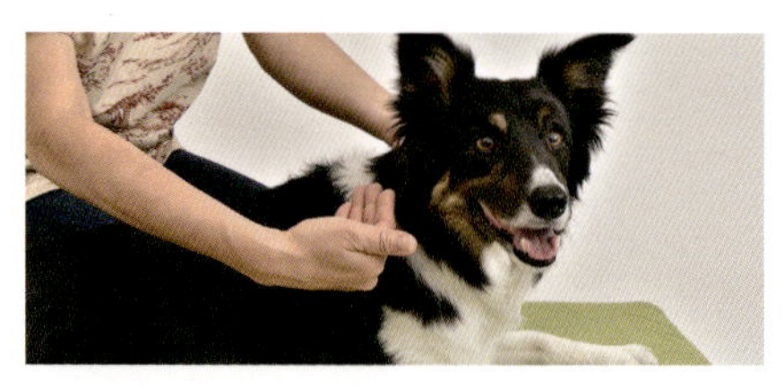

6 アップリフティング

気持ちを元気にさせる
両手をイヌの体周辺の空気を下からすくい上げるように前肢の足先→肩→お腹→背中→後肢の足先へと少しずつ尾側に移動します。

おやすみのルーティン

毎日のお休み前に。お互いのリラックスを促すタッチです。
体と心の緊張を解き放ち、良い睡眠を促してあげましょう。

1 パッシブタッチ

お互いのリラックス、心と心を通い合わす
そっと優しく手の平全体を置きます。イヌの体温を手の平で感じ取っていきます。次はイヌの呼吸を感じてみましょう。

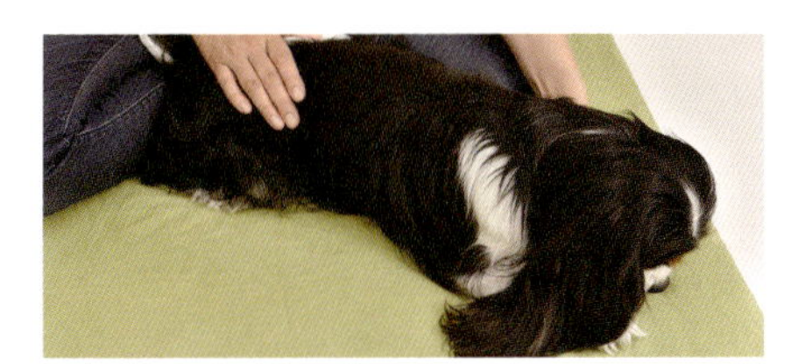

2 体全体のストローク

心を鎮める、落ち着きを与える
手の平全体を使い、温かさを伝えるように、途切れることなく、一定のゆっくりしたリズムで後頭部から首、そして尾の先まで毛の流れに沿って長いストロークをします。

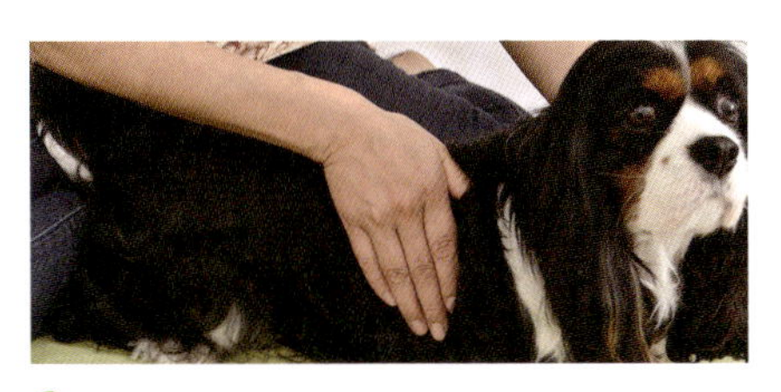

3 肩から臀部までのサークルタッチ

心身の緊張の緩和
手の平全体をイヌの体に密着させ、皮膚を動かすように時計回りに一周、円を描きます。手を次の部位まで滑らせまた円を描きます。

4 マズルのストローク

感情のバランスを促す
鼻先から耳の下辺りまでを、母犬が子犬を舐めるように、やさしく撫でます。

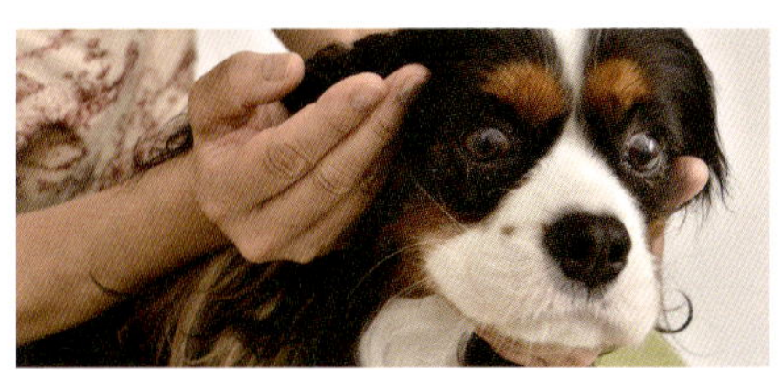

5 耳の付け根のサークルタッチ

緊張の緩和に、神経質なイヌを落ち着かせる
手を軽く握り、手の甲側を使い円を描きます。小型犬の場合は爪の裏側を使い、一つ円を描いたら、手を移動させてまた一つ円を描きます。5回繰り返します。

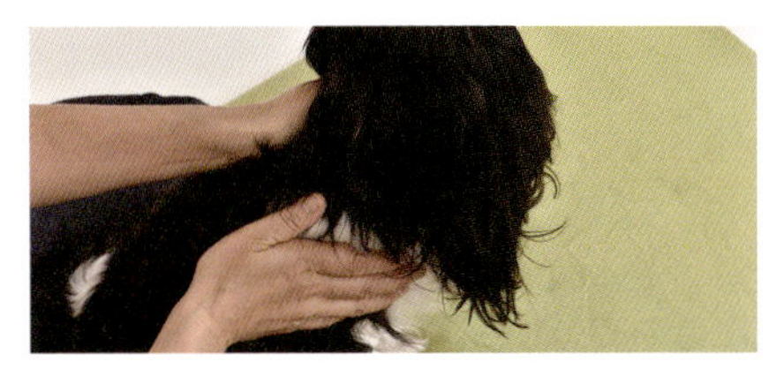

6 ウィールタッチ

心身の緊張の緩和、肩を包み込むように。車輪が回るように左右交互に頭の方向に向かってゆったりと動かします。続いてパッシブタッチを行なうのも良いでしょう。

シニアの健康維持

ボディケア

シニアドッグへの優しいケアが生活の質(QOL)を向上させる

シニアになるほど必要なボディケア

“マッサージ”により筋肉の状態を維持、向上し、関節への負担を軽減し、日常の体全体の動きを良くします。

“プレイズタッチ”により、自己の固有受容感覚機能(*1)を維持し、衰えがちな身体意識を維持します。

マッサージとプレイズタッチにより身体と心に活力を与えQOLを向上させます。

高齢により起こり得る体の変化

肩、前肢

僧帽筋、棘上筋、棘下筋、三角筋が硬くなり緊張すると肩関節の可動域が狭くなり、前肢の動きに制限が生じます。そのため体全体の動きがぎこちなくなり背中や後肢にも緊張を生じます。

背部、胸部

老齢になると深層の筋、体幹を支持している筋力が衰えがちになってしまいます。背最長筋、腸肋筋、背鋸筋は背部を伸ばすことに関わる筋肉。外腹斜筋、内腹斜筋、腹直筋、肋間筋は背部を曲げることに関わる筋肉。それらの筋肉をマッサージにより柔軟性を保ち、体全体の動きを取りやすくしましょう。

後躯（腰、後肢）

後肢のスムーズな動きを維持するには腰と後肢の筋肉の柔軟性が必要。中殿筋、殿筋、縫工筋、大腿四頭筋、大腿筋膜張筋が緊張すると背中にも不快感が生じるようになります。膝から下の伸展、屈曲、スムーズな動きを維持する筋肉は主に腓腹筋、大腿二頭筋、半腱様筋が挙げられます。足にしっかりと体重をかけさせるために、腓腹筋の柔軟性を保つ必要があります。

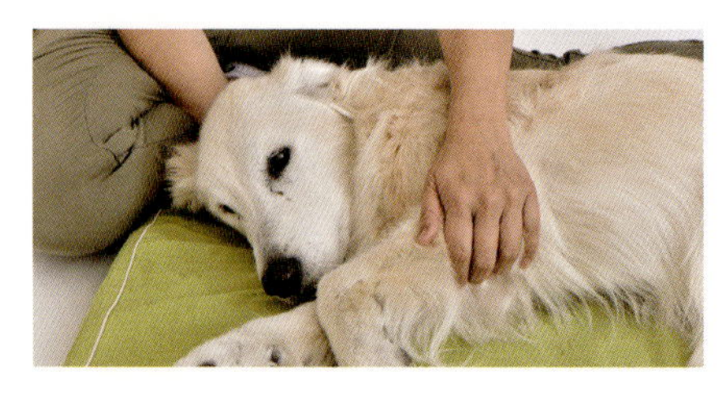

パッシブタッチ

ただ手の平を置いて深い自然な呼吸を繰り返し行ないます。

ストローク

後頭部から前肢の足先、肩から体側面、そして後肢の足先へと体の輪郭をなぞるように手を滑らせます。衰えがちな固有受容感覚（*1）を再確認させます。
（*1 視覚に頼らずに自身の足先や関節の位置を意識できる力）

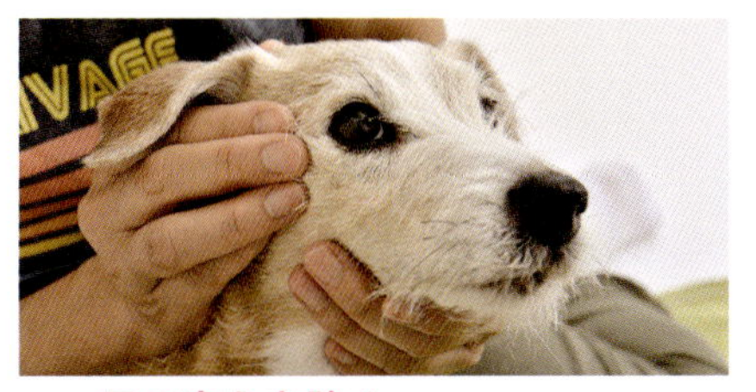

1 目の衰えを防ぐ、目の周りのサークルタッチ

2~3本の指先で目の周り（眼窩の外側）に小さな円を描き、こめかみをそっと押します。

2 体のつながりを再確認させる、交差ストローク

指先を床につけ、右前肢から左後肢の往復、次に左前肢から右後肢までの往復と、2往復ずつ交差するように撫でます。

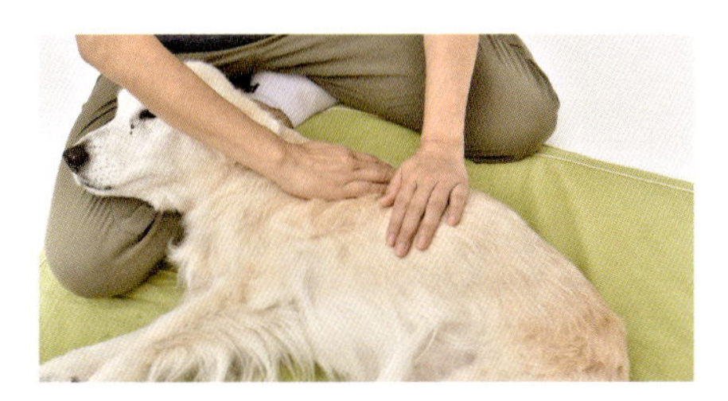

3 背中のエフルラージュ

こわばりがちな背中をエフルラージュします。最初に後頭部から尾の付け根までに行ない、その後に体側面もエフルラージュします。

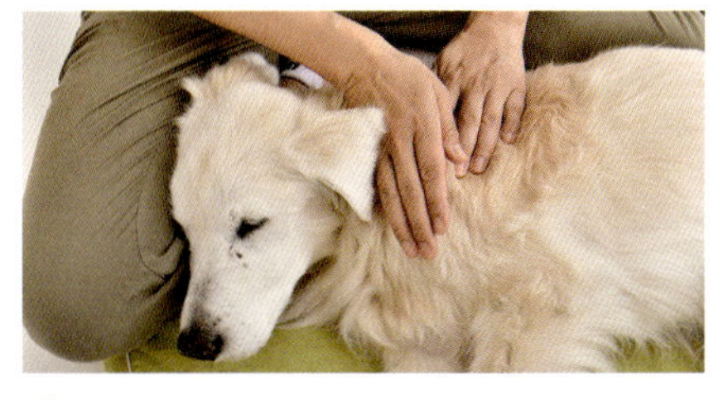

4 肩部のエフルラージュ

手の動きを止めることなく、体側面をエフルラージュしながら臀部までいき、大腿部から足先へとエフルラージュします。

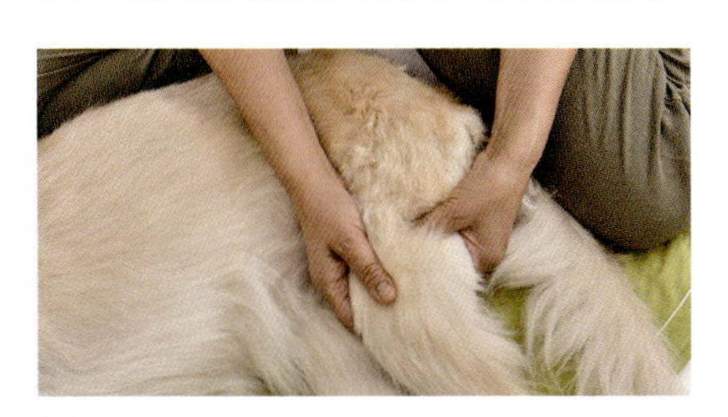

5 大腿部のスクイージング

縫工筋、大腿筋膜張筋を挟み込むように、指の側面を使って穏やかにスクイージング。半腱様筋、大腿二頭筋を挟み込むように。

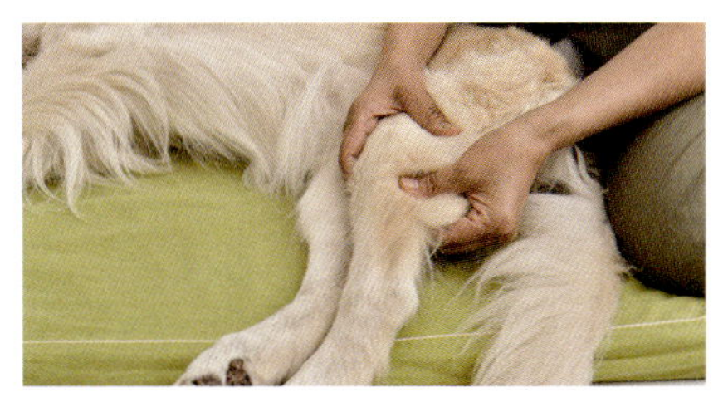

6 スクイージング

腓腹筋に軽くスクイージング。

足先までストローク

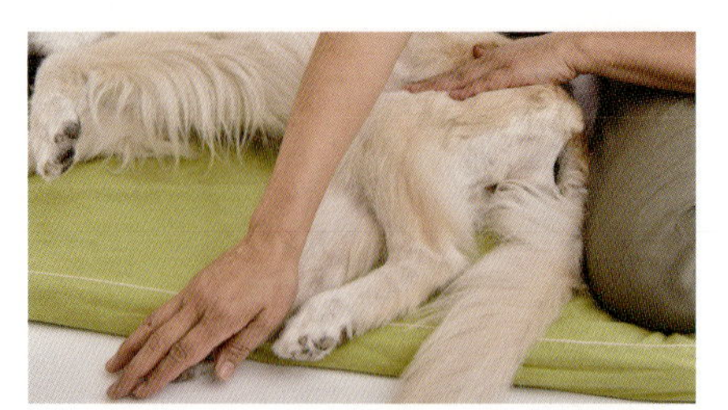

1 シニアになると、末端の身体意識が衰えがちになります。足先まで触れて心地よい刺激を与え、固有受容感覚を刺激します。

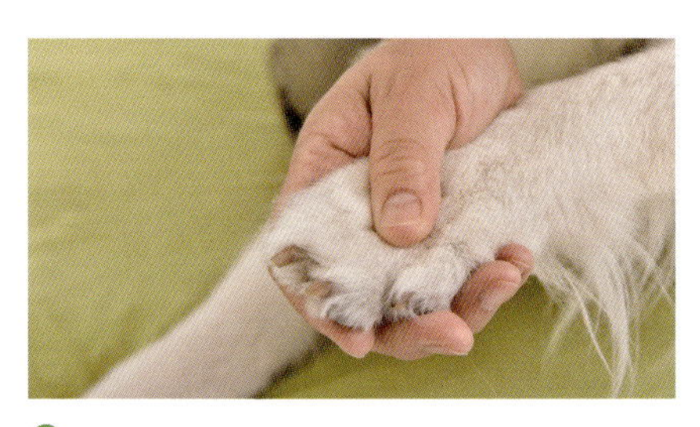

2 足先に向けてのニーディング

足先に向けて骨の間を親指の腹で優しくなぞります。足先を少し広げるようにイメージをして。背中や四肢の筋肉が衰え、歩様がぎこちなくなることで、足先に力が入っています。

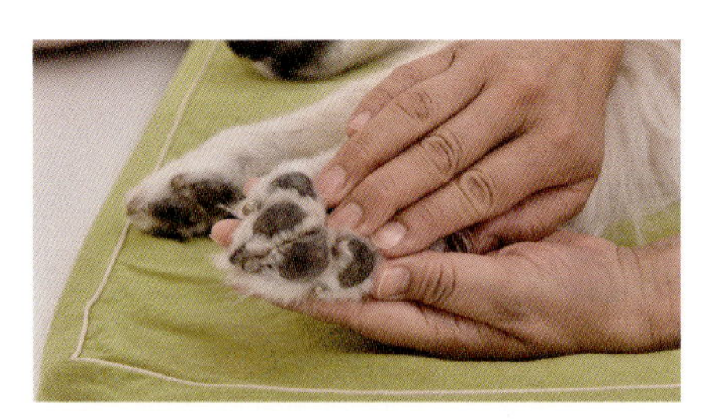

3 肉球へのサークルタッチ

指先を使い、肉球の上、間に時計回りに軽く小さな円を描いていきます。
足の裏に刺激を与えて、地に足が着いている感覚を忘れさせないようにしましょう。

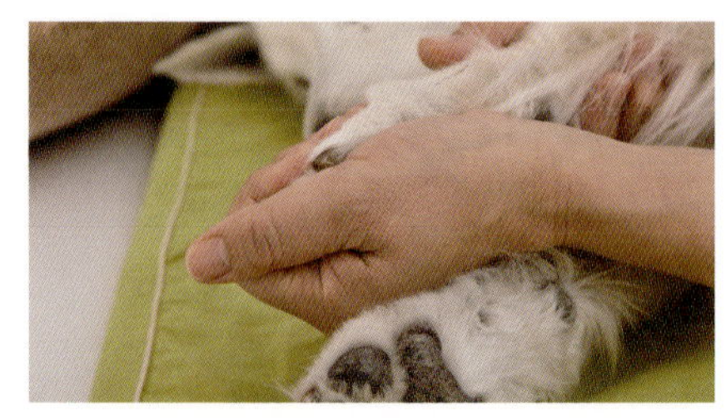

4 足先のコンプレッション

肉球に手の平を合わせて、6秒かけてじんわりと圧を加えます。6秒キープした後、ゆっくりと元に戻します。
足先の血流を促します。その後、足先から大腿部に向けて被毛に逆らってストロークをします。

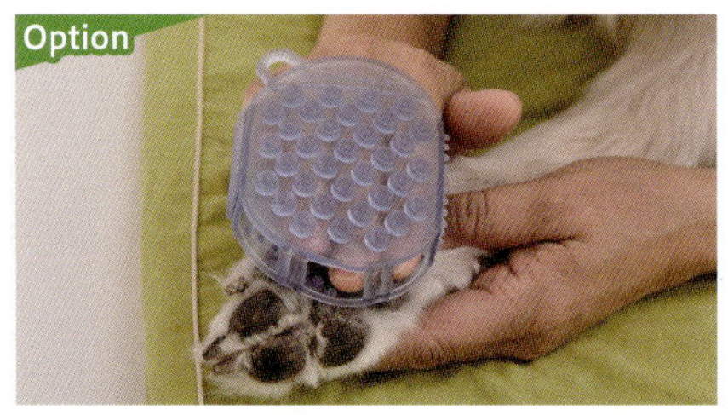

このようなゴム製のブラシやスポンジなどを使用して穏やかに刺激を与えてあげるのもいいでしょう。

肋間筋のエフルラージュ

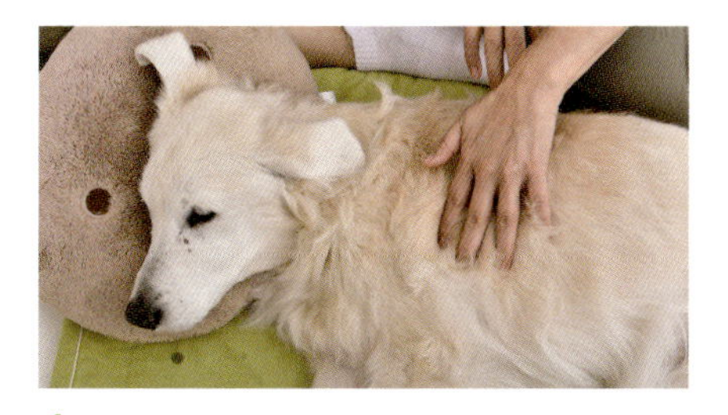

1 体全体の動きを助ける

呼吸もしやすくなる
指先を少し広げて肋骨の間に指を滑らせるイメージで、両手を交互に使い背骨の際から撫で下ろします。肋骨13対の前半分は腋窩リンパに向かって、後半分は鼠径リンパに向かって。

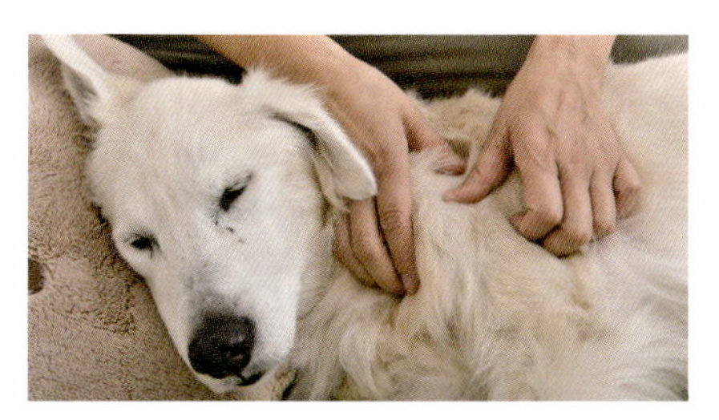

2 棘上筋と棘下筋にニーディング

肩甲棘を確かめて、棘上筋と棘下筋それぞれにニーディングを行ないます。エフルラージュをした後、両手親指の腹を使い肩甲棘柄から肩甲骨背縁に向けてニーディングをします。

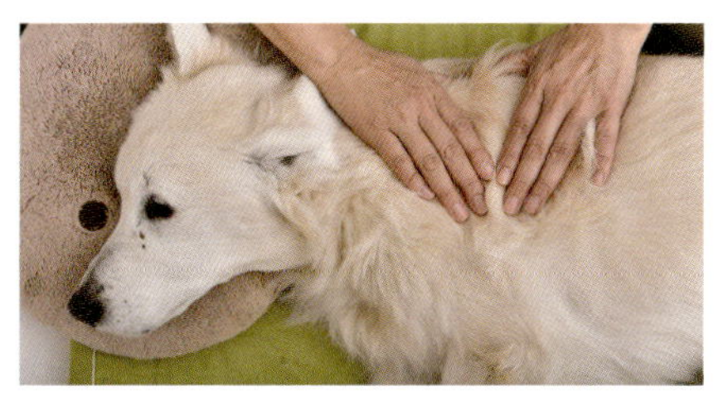

3 肩甲骨背縁にフリクション

前肢の可動域を良くする
イヌに対して座っている位置により、親指の側面、あるいは4本の指先を背縁に当て、上下に軽く震わせるフリクションを行ないます。足腰の筋力が衰え、前肢に負担がかかっているシニアは背骨と背縁の間（僧帽筋）に負担がかかっています。

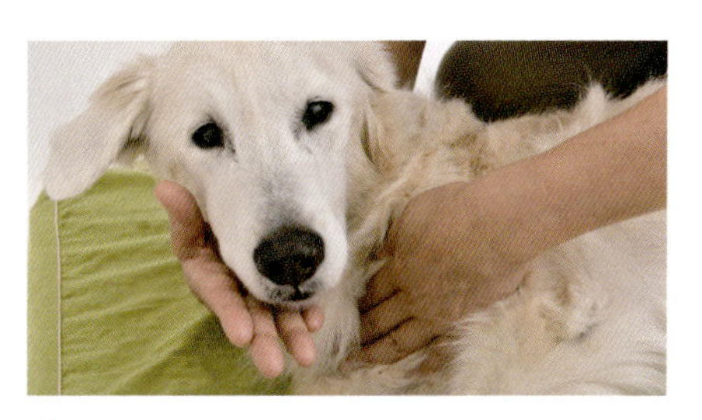

4 前胸部のシェーキング

頭を下にしてうつむきがちなシニアに
手の平全体を前胸部に当て筋肉を震わせるようにシェーキングをします。
手の平以上の圧はかけずに穏やかに震わせます。
胸骨頭筋、浅胸筋をリラックスさせましょう。

施術NG

- 急性期炎症期
- 皮下、皮膚の出血
- 悪性組織部位
- 体温の機能調節ができない場合
- 知覚減少、知覚消失
- 浮腫
- 血行障害
- 血流が滞っている部位
- 開放性創傷

ケース別ボディケア Case1

アジリティーなどのドッグスポーツはもちろん、ドッグランなどでも走るのが大好き！

首周りと背中の筋肉がポイント

首周りと背中の柔軟性は、よく走るイヌにとってとても大切です。

走るときには頭を下へ下げることで、前進するときに後肢を地面から持ち上げやすくします。

首周りが緊張すると、後頭部から板状筋、菱形筋、僧帽筋の柔軟性に影響が出て、イヌは頭を下に向けることがしにくくなります。

背中にある背最長筋、腹直筋、肋間筋は背中を伸ばしたり縮めたりする動きに関わっています。体を大きく伸ばして前進するには背中の柔軟性が必要です。

どこをマッサージする？

- 首から肩にかけて
- 背中全体

Point!

走った直後ではなく、クールダウンをして(P85参照)体がリラックスした状態で行なう。

ボディケアの実践！

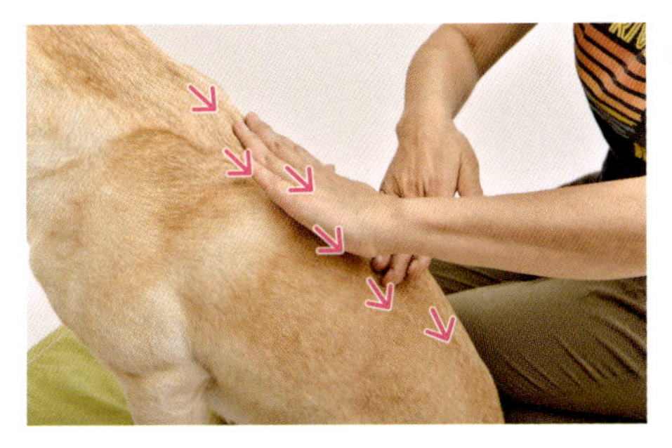

背中のエフルラージュ

背骨の上を穏やかにエフルラージュしていきます。

背中のスキンローリング

背中全体にスキンローリングを行ないます。皮膚に沿ったり逆らったり、斜めにといろいろな方向から行ないます。

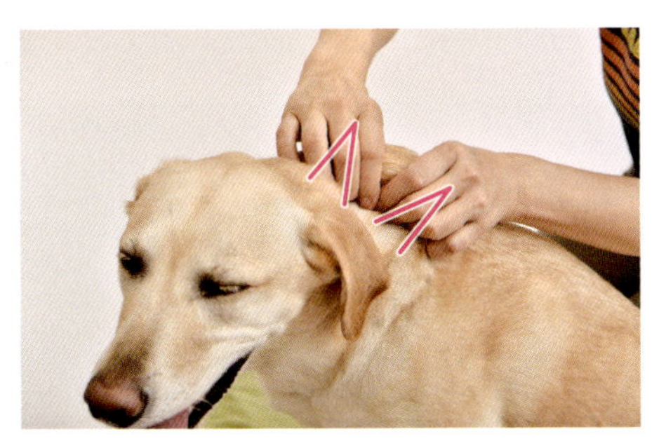

首周りのスクイーズ

母犬が子犬を持ち上げるようにゆったりと皮膚を持ち上げます。息を吸いながら持ち上げ、ゆっくりと息を吐きながら元の位置に戻します。
部位を変えながら首周りをほぐします。

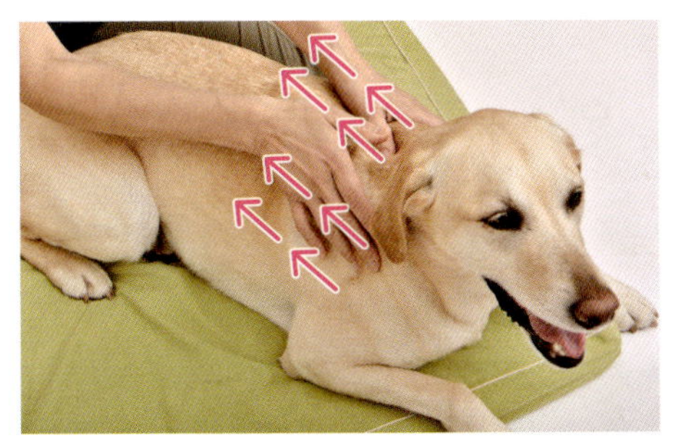

首から肩にかけてニーディング

親指の側面を使い、背骨の横、左右に穏やかなニーディングを行ないます。
注：背骨の突起には触れないように

ケース別ボディケア　Case2

キリがないほど、ボールやディスクをキャッチするのが大好き！

ジャンプをするときに必要な体幹、肩の筋肉をケアしよう

ボールを追いかけてキャッチしたり、ディスクを空中キャッチしたりと、ジャンプをするときには、腹部、臀部、肋骨の筋肉の柔軟性が必要です。

緊張しがちな肩の周り、体幹部をマッサージして緊張を緩めてあげましょう。

特に肩は、ジャンプをするときに後肢を前に伸ばし、前肢を跳躍させる動き、そして着地するときには前肢から着地をするとき、弾力性のある肩や前肢が必要です。この部分の筋肉が硬くなると前肢の可動域が減り、体全体の動きや姿勢に乱れが生じ、肩の痛みに繋がります。ひいては後躯に緊張が生じてしまいます。緊張をほぐし痛みの原因となる疲労を解消しましょう。

どこをマッサージする？

- 肩の周囲
- 背中から胸郭

ボディケアの実践！

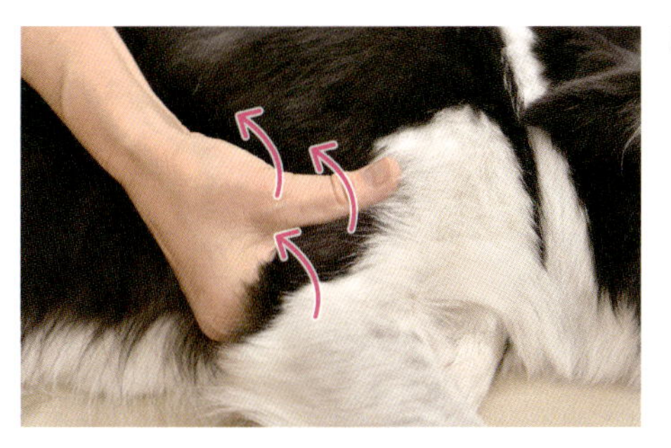

肩の筋肉の腱の緊張を取るようにスクイージングをしてゆったりと揉みます。

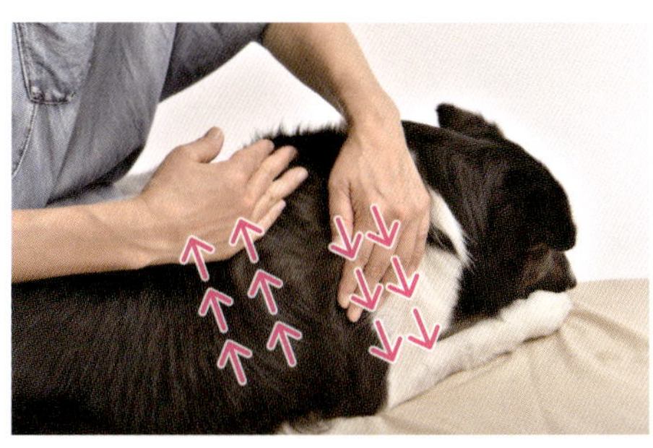

肩甲骨の背縁から上腕骨の大結節まで、エフルラージュを繰り返し、筋肉を温めリラックスさせます。最後に腋窩リンパに老廃物を流します。

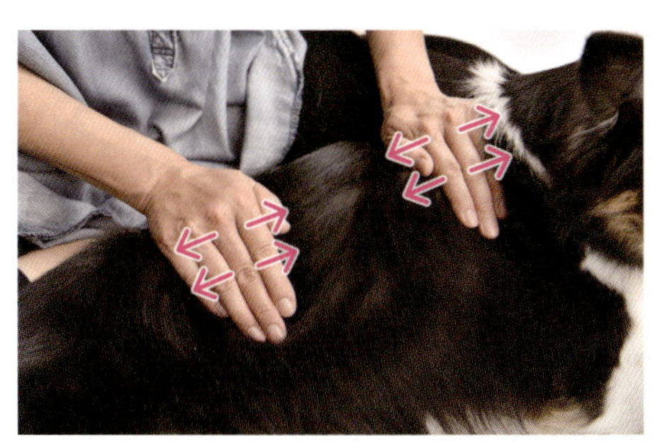

手の平全体を使って筋膜を縮めて伸ばすチャッキングをして背中全体、胸郭の疲れを取ります。

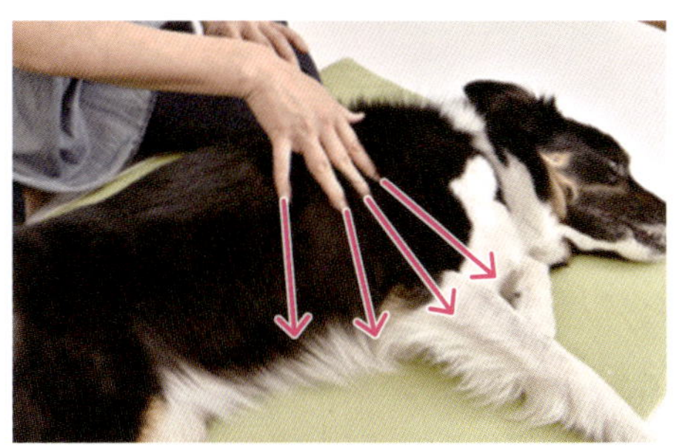

背骨の際から肋間筋の間に指を入れるように指を滑らせます。
肋骨13対の前半分は腋窩リンパに向かって指を滑らせ、後半分は鼠径リンパに向かわせます。

ケース別ボディケア Case3

いつもお散歩を長時間する、いっぱい遊んだあとのクールダウン

クールダウンマッサージで、疲労物質を残さない

たくさんお散歩したあとは、たくさん水分補給をして休み、クールダウンをして体と心の緊張を取りましょう。筋肉をリラックスさせ、血流を促し、筋繊維にたまる疲労物質を排液し、筋肉が硬化したり、弾力性を失うことを防ぎます。また興奮した体と心を鎮めます。

どこをマッサージする？

- 前胸部全体
- 肩から臀部にかけて

Point!

力は軽くゆっくりとしたリズムで、筋肉をリラックスさせましょう！

ボディケアの実践！

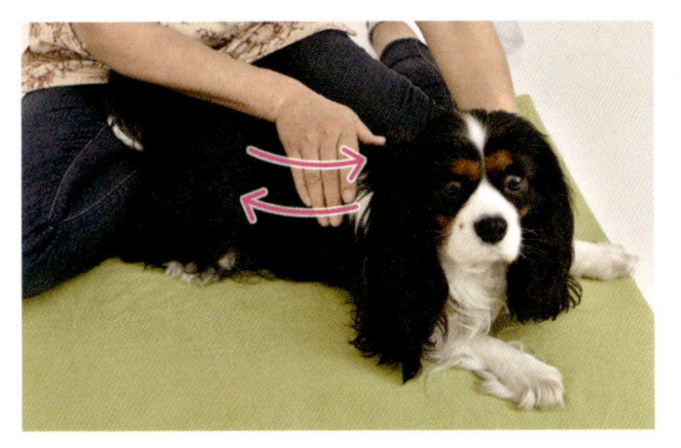

胸部にシェーキング

手の平全体で胸郭をシェーキングをして揺さぶります。
次に腋窩リンパ、鼠径リンパにエフルラージュをして排液を促します。

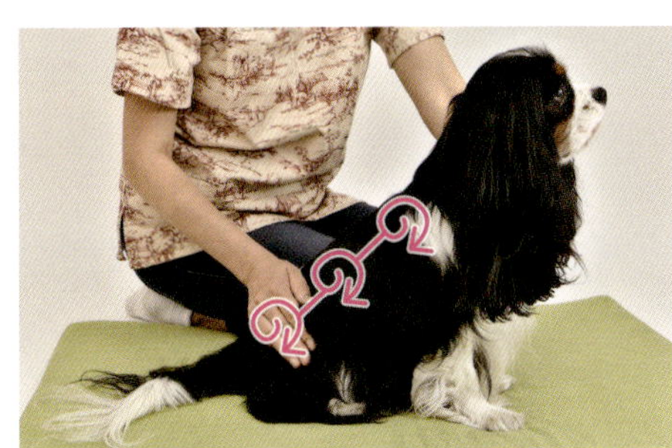

肩から臀部までのサークルタッチ

肩から臀部まで手の平全体を包み込むように当てて皮膚を持ち上げるように1周の円を描きます。
一つ終えたら手の平をそのまま横に移動し同じことを繰り返します。

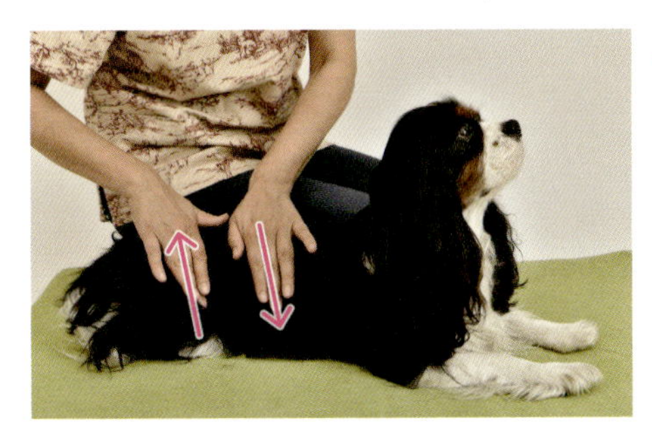

背中にリンギング

背中全体にリンギングをします。両手の平を交互に被毛の上を軽く滑るように動かします。

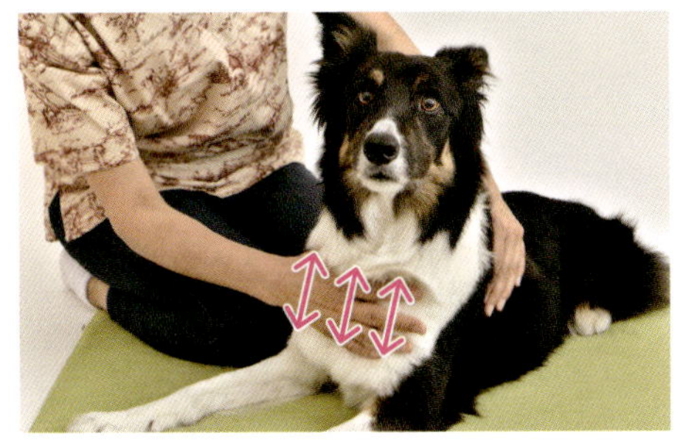

前胸部にシェーキング

前胸部を部位を変えながら軽く揺さぶりシェーキング。最後はすべての工程を統合するように全身のストロークをして終えましょう。

ケース別ボディケア Case4

お散歩で、リードをグイグイ引っ張って歩いてしまう…

姿勢を整え、グラウンディングを覚えよう

リードを強く引っ張ることで前のめりの姿勢になり、前胸部に負担がかかり、肩に余分な力がかかります。

また自由な頭の上げ下げができないことから、首周り、背中にも緊張を生じます。背中の伸び縮みが制限されるため、後肢の動きも悪くなり、地に足が着かない状態では後肢の筋力も衰えてしまいます。

左脚側で歩行するイヌでは引っ張ろうとする右の肩に痛みを生じるでしょう。首に過度な圧がかかることで目にも影響があると言われています。引っ張る場合にはハーネスを使用するなど工夫をして、イヌのリードを強く引かないように心がけましょう。

どこをマッサージする？

- 前胸部
- 肩
- 首周り
- 後肢足先

ボディケアの実践！

シェーキング

力が入っている前胸部をリラックスさせます。手の平全体で前胸部シェーキングして揺さぶります。
次に浅胸筋をエフルラージュして腋窩リンパに排液します(P57参照)。

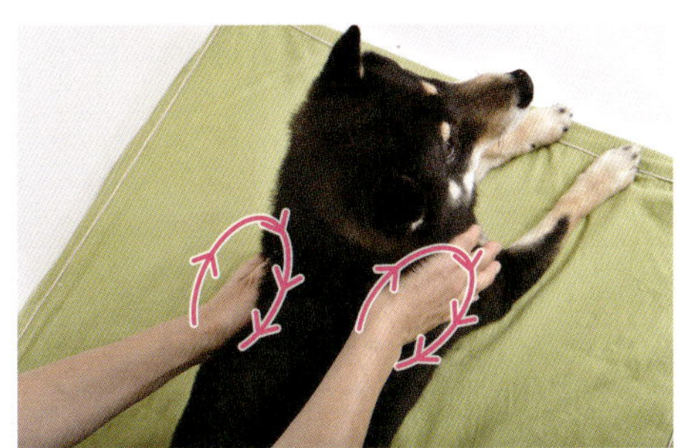

ウイールタッチ

ウィールタッチで前のめりになることで力が入り、硬くなりがちな肩甲骨の筋肉(棘上筋、棘下筋)をリラックスさせます。
両手の平全体を使って、ふんわりと肩を包み込むように挟みます。車輪が回るように右左交互に頭の方向に向かって、ゆっくりと大きく 動かします。

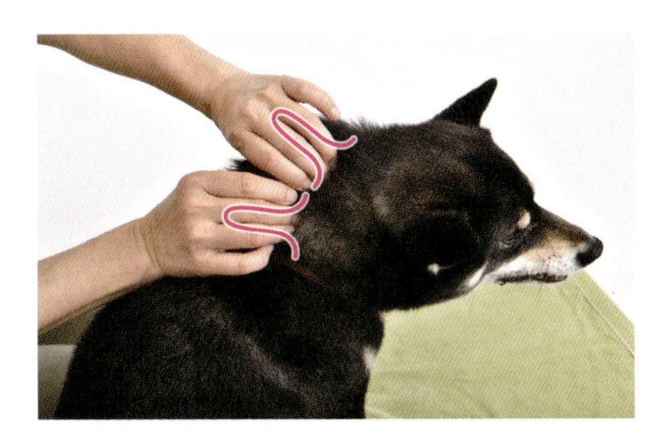

首周りのスクイーズ

首周りを息を吸いながら大きく持ち上げます。吐きながらゆっくりと元に戻し手をふわ～と離します。
部位を移動して同様に繰り返します。後頭部から首周りを弛緩します。

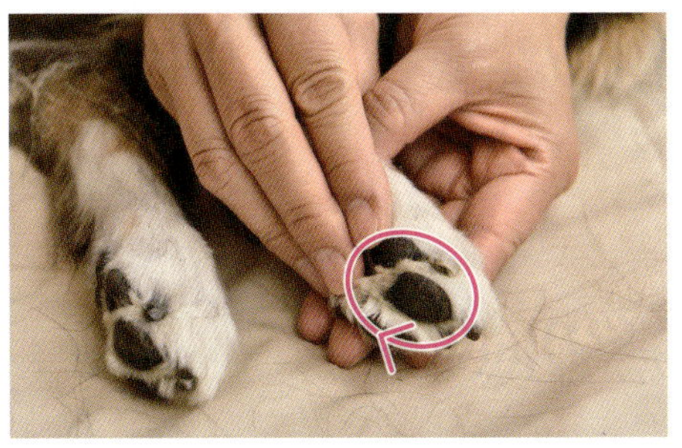

肉球に小さなサークルタッチ

後肢の足先への意識が高まり、しっかりと地面を踏みしめるグリップ力を高めるように指先で肉球の上、間に指先で右回りに小さな円を描きます。
ストロークで足先まで撫で下しグラウンディング(地に足を着ける)を行なってください。

ケース別ボディケア Case5

家の中の音や、外から聞こえる音など、小さな音に対しても敏感に反応してしまう…

耳をリラックスさせて、心にも働きかける

小さな音までもキャッチして反応してくれるのは、イヌの素晴らしい能力の一つですが、いつも偵察隊のように反応しているのではイヌも疲れてしまいます。

音に敏感なイヌの耳の根元は往々にして硬く、血流が悪くなると外耳炎などの病気も引き起こしかねません。

神経をたくさん遣い過ぎて硬くなっている耳を、そのイヌが持っているニュートラルな状態に促すことで心の状態もニュートラルに促すことができます。

耳に触れられるのが苦手な場合には、手の甲側で触れることから始めてください。

また、耳の匂いを確かめたり、中を見たりして、耳の状態をチェックすることも大切です。

どこをマッサージする？

- 頭部
- 首
- 耳全体

ボディケアの実践！

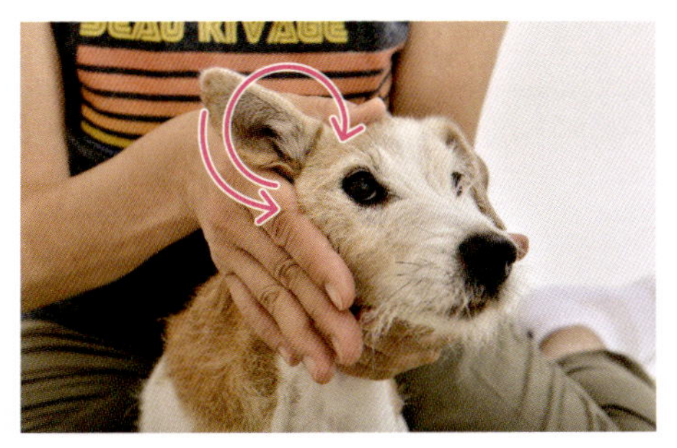

耳の付け根を大きく回してほぐす

耳の付け根を親指と４本の指で挟むようにゆったりと持ち、頭皮を動かすイメージで大きく前に3回、後ろに3回回します。

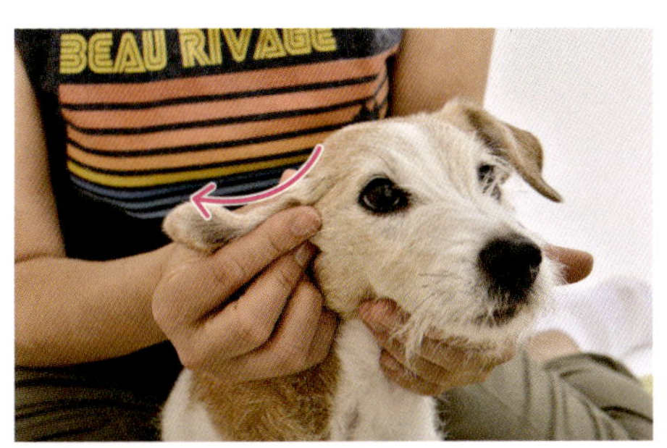

耳のストロークで耳に対しての意識を高める

親指の腹で耳の付け根から耳の先端に向かってやさしく花びらに触れるように指を滑らせます。先端では親指と耳を支えている指を使って少しだけ圧を加えます。そして毛先まで撫でます。親指の腹分、後ろに移動してまた付け根から先端に、と耳全体を撫でます。

耳の周りの血流を促す

親指と人さし指の間を使って耳を後ろから挟み込むように持ち、前後に5回、指を滑らせます。

硬くなっている胸骨頭筋をリラックスさせる

耳の尾側の付け根の下から肩関節まで（胸骨頭筋）を親指と人さし指で軽く挟むようにほぐしていきます。

ケース別ボディケア **Case6**

お家でも外でも、すぐに飼い主さんにピョンピョン飛びついて抱っこをせがむ

抱っこをせがむ心理状態

抱っこをよくせがむイヌの体と、心の不安感を取り除いていきます。

プレイズタッチにより、心身ともにリラックスをしていくことで、心の状態もどっしりと落ち着きます。

まずは首周りの緊張を取り、身体意識を高め、グラウンディング（地に足が着く）を促し、心と心を通い合わせ、イヌに何も心配がない時間を作り、安心感を与え、情緒を安定させていきましょう。飼い主さんもリラックスして、深い呼吸を心がけてください。

また小型犬は安易に抱き上げられることもあり、そうすることでイヌ自身がしっかりと大地を踏みしめるという感覚が軽減してしまいます。

不安な状況になると抱き上げられることを繰り返していくと、イヌ自身が少しの不安でも自身では対応できなくなります。

どこをマッサージする？

●首周囲　●足先から体全体

足先のグリップ力を付けてグラウンディングを促し、感情面においても自信と落ち着きを与えましょう。

ボディケアの実践！

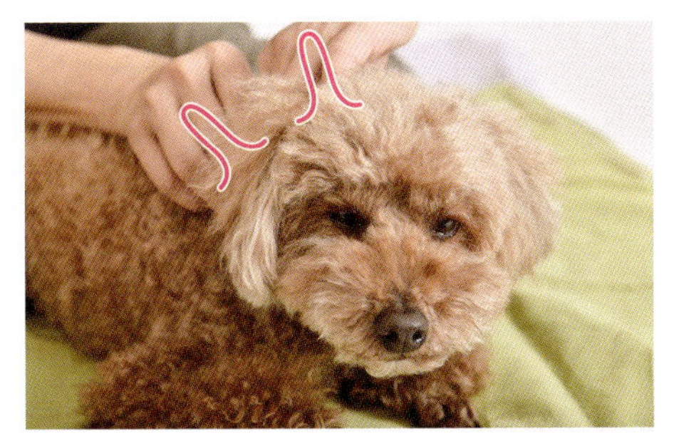

首周りのスクイーズでいつも見上げていて緊張しがちな首周りをリラックスさせます。
首周りを息を吸いながら大きく持ち上げます。吐きながらゆっくりと元に戻し手をふわ〜と離します。
部位を移動して同様に繰り返します。小型犬4回、中型犬6回、大型犬8回が目安です。

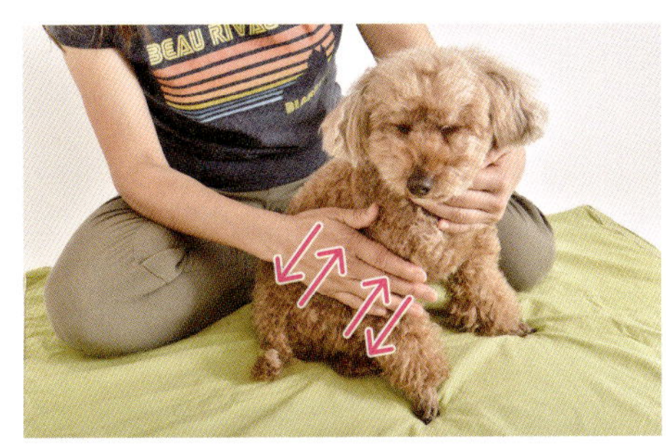

肩から足先、大腿部から足先のスライディングタッチでグラウンディングを促します。
手の平全体を体の輪郭に包み込むように置き、息を吸いながら皮膚を持ち上げ、ゆっくりと吐きながら元の位置まで戻します。一呼吸おいたら、手をそのまま離さずに、下に滑らせ、次の部位に移り繰り返します。

交差ストロークで体の前と後ろの繋がりを意識させます。
指先を床につけ、右前肢から左後肢の往復、次に左前肢から右後肢までの往復と、2往復ずつ交差するように撫でます。
背中の真ん中で手の平を回転させるようにして、指先を足先に向かわせます。

パッシブタッチで安心感を与えます。
手の平全体を輪郭に沿って包み込むようにそっと当てます。
イヌの体温を手の平で感じ取ります。次はイヌの呼吸を手の平で感じ取ります。
イヌと一緒に呼吸のリズムに合わせます。呼吸が早い場合には、自身の深い呼吸を繰り返します。
何も考えないように、手の平の感覚に心を委ねます。

ケース別ボディケア Case7

チャイムの音や、ある決まった刺激で吠え止まなくなってしまう

吠える体勢で、力が入る後躯をリラックス

吠えてくれるというのはイヌの能力で、ありがたいことなのですが、ある刺激に対して、例えば、玄関のチャイムが鳴ったらなかなか吠え止まなくなってしまう場合、イヌも疲れてしまいます。そのように過剰に反応してしまう場合には、マズルにタッチをして穏やかな刺激を与えることで感情面でのバランスを促し、口元に対する意識を高めましょう。

また警戒心から硬くなる尾をリラックスさせることで、心の安定を促します。チャイムに吠えるからといって、人がイヌに大きな声で怒ったり怒鳴り声をあげると、信頼する家族も不機嫌になることで、イヌはそのチャイムの音がやはりネガティブなものだと思ってしまいます。

そのような場合には人が深い呼吸をして、イヌにどうして欲しいのかをイメージしましょう。吠えが一瞬でもストップしたときには褒めましょう。

どこをマッサージする？

- 後頭部
- 尾
- 首周囲

ボディケアの実践！

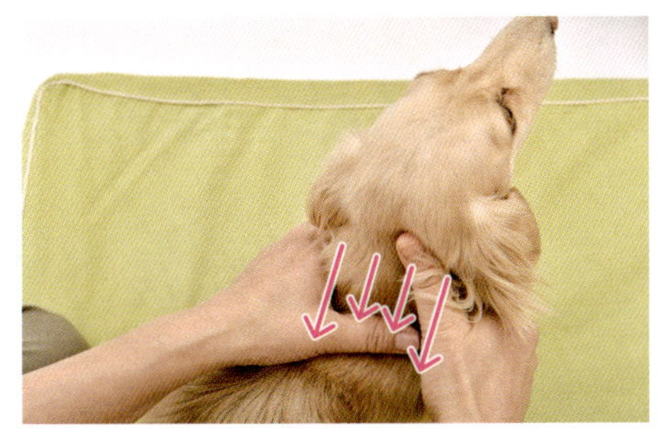

後頭部をニーディング

よく吠えることで緊張する後頭部の板状筋を、ニーディングをしてリラックスさせます。両手の親指の側面を滑らせるように動かします。横へと移動し同様に繰り返します。
注:親指の指先で押さないように、一点圧にならないようにしましょう。

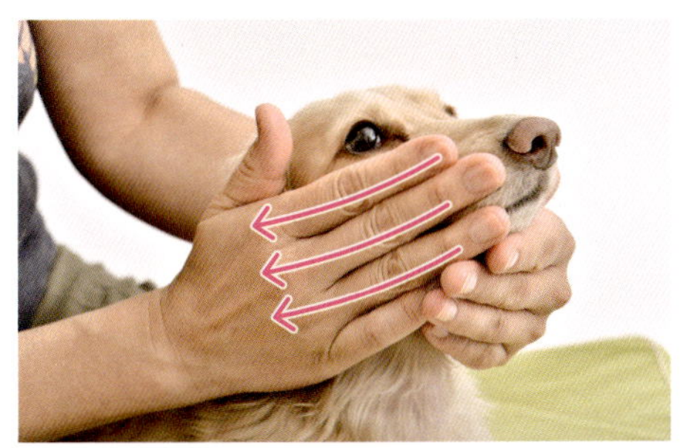

マズルのストロークで感情面のバランスを促す

片方の手で顎をやさしく支えて、指を揃えて鼻先から耳の付け根まで母犬が子犬を舐めるように指を滑らせます。片側5回ずつが目安です。
注：マズルの周りは触毛や抹消神経が敏感なため長時間は行ないません。

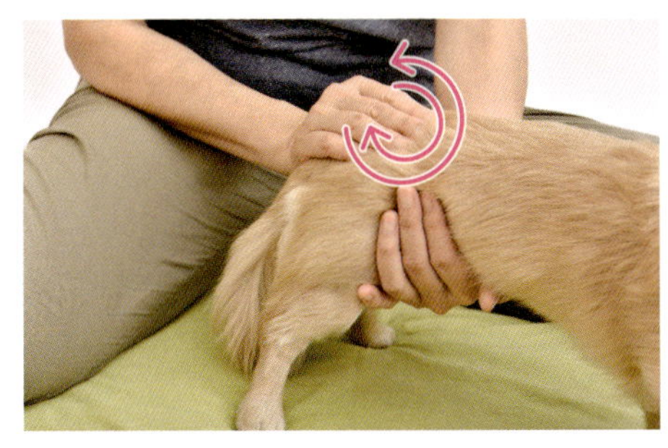

尾の付け根のサークルタッチで自律神経のバランスを促す

尾の付け根を指先で軽く右回りに3回、左回りに12回小さな円を描くように指先を滑らせます。

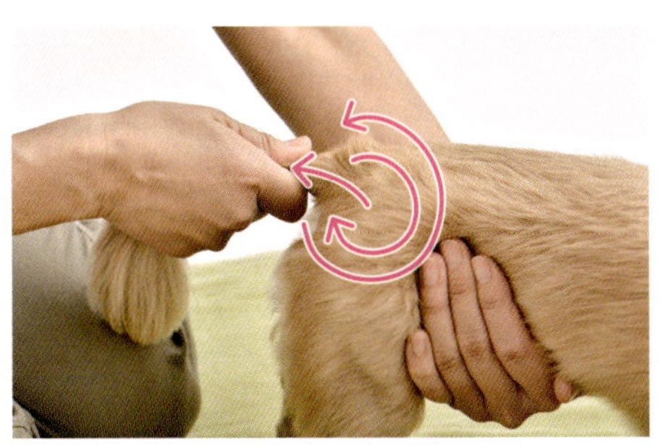

尾のストレッチで体の緊張を緩める

尾の根元を持ち右回りに3回、左回りに3回、そのイヌの尾の可動域範囲内で回す。
次にゆっくりと尾を引っ張りストレッチして、そのあと元の位置まで戻します。
注：呼吸に合わせて行なってください。

ケース別ボディケア　Case8

洋服を着ると固まってしまう…
シャンプーやブラッシングなどが苦手…

被毛に新しい感覚を与え、トラウマを軽減する

一度、シャンプーで嫌な思いをした、ブラッシングのときに毛が引っかかり痛い思いをした等、トラウマがあるのかもしれません。

新しい触覚を与えるタッチで、細胞レベルで残っている過去のトラウマを良い記憶とすり替えていきましょう。

また子犬のときに他のイヌとじゃれあって遊ぶ経験を十分に得られなかった、人の手で体を撫でられる体感が少なかったイヌの身体意識は、そうでないイヌと比べると少なくなります。自身の輪郭と外との境界線に対する感覚がぼんやりとしていて、触れられることに対して敏感に反応してしまいます。イヌに穏やかな感覚としての触覚を伝え、少しずつ慣れさせて、身体意識を向上することで克服しましょう。

どこをマッサージする？

- 前胸部
- 体幹部
- 頭部
- 体全体

ボディケアの実践！

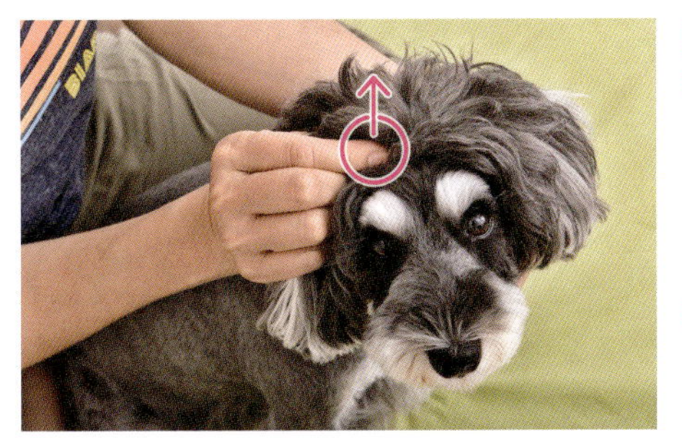

頭部のヘアーサークルで穏やかな刺激に慣らす

親指と人差し指、中指で毛の根元を持ち皮膚を動かすように小さな円を描き、毛先まで指を滑らせます。一つ円を描いたら、他の部位へと移ります。

注：毛を引っ張らないように。

体全体にヘアーサークルで体全体への穏やかな刺激に慣らす

同じように体全体に行ないます。

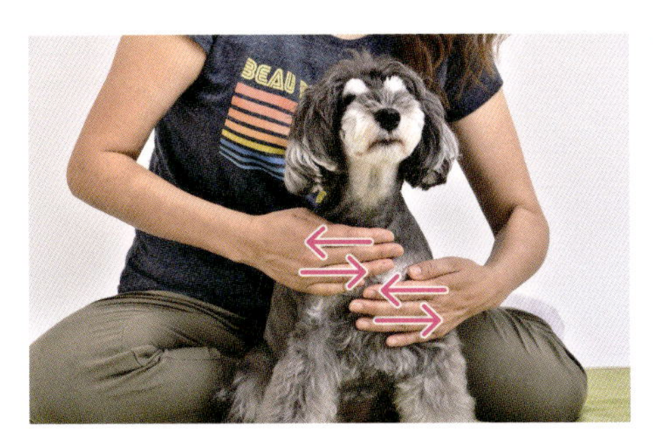

前胸部のリンギングでリラックスを促す

手の平全体を、イヌの体に沿わせ、手の平を一定のリズムで滑らせるように交互に動かします。

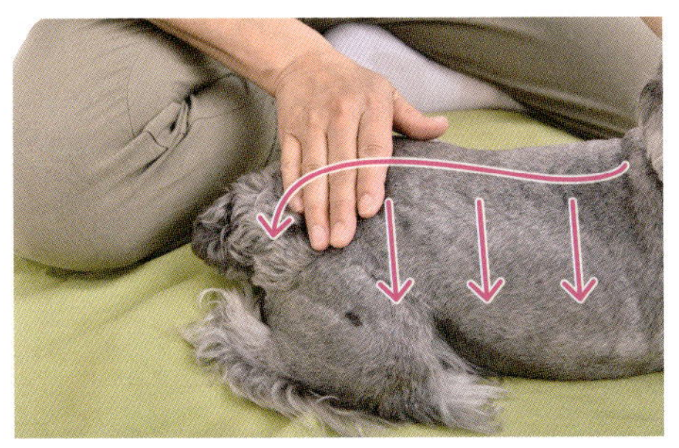

体全体のストロークで輪郭を意識させる

手の平を密接させて輪郭に沿わせながらストロークをします。

ケース別ボディケア　Case9

訓練競技会やドッグ・ショーなど、緊張感のある場所に参加すると疲れてしまう

人が深い呼吸をすることで、イヌも落ち着く

競技会やドッグ・ショーなどの審査をする環境では、多くの人が緊張しているため、それが伝わりイヌも緊張してしまいます。

人も自分自身の呼吸を深くするように心がけて、マインドフルにプレイズタッチをすることで、人が落ち着き、タッチをされているイヌも落ち着きます。

またイベントに参加したり旅行に行くなど、楽しい刺激と同時に不慣れな場所で緊張する体をリラックスさせましょう。

どこをマッサージする？

- 耳
- 四肢の足先
- 体側面

Point!

耳の長い犬種は片方の手の平で地面と平行にして支え、もう片方の指２本でストロークする。力を入れず花びらに触れるように。

ボディケアの実践！

耳のストロークでイヌに落ち着きを与えます。両手の親指で頭頂部から耳の付け根まで頭皮をストレッチするように指を滑らせます。
片方の手で顎を支え、親指が耳の上側、残り４本の指は下側にくるように持ち、耳の付け根から先端まで指を滑らせます。
毛の長いイヌには毛の先まで続けてストロークします。

耳の付け根のサークルタッチで緊張を緩和させましょう。
手を軽く握り、手の甲側を使って円を描きます。第1関節と第2関節の間の平たいところを使います。小型犬の場合は爪の裏側を使い、時計回りに小さな円を描きましょう。一つ円を描いたら、手を移動させてまた一つ円を描きます。それを5回、繰り返します。
注：力を入れ過ぎないように注意をしましょう。

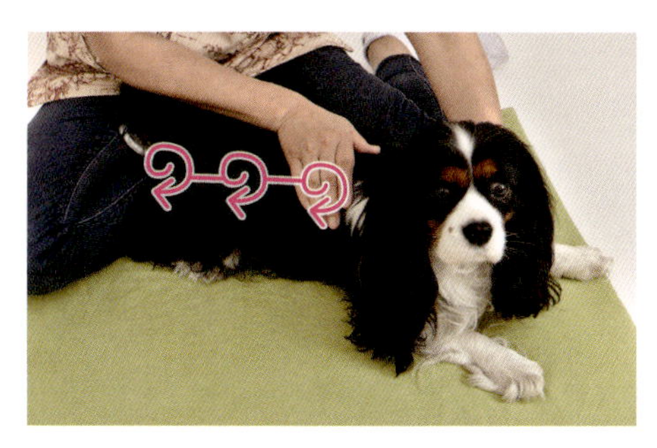

肩から臀部までのサークルタッチで体と心の緊張を緩和させましょう。
手の平全体をイヌの体に密着させ、時計回りに一周、円を描きます。一つ円を描いたら、手を次の部位まで滑らせます。そして、また円を描きます。
*手を被毛の上で滑らせるのではなく、皮膚を動かします。 *皮膚を持ち上げるように円を描きましょう。

全身のストロークで心を鎮めましょう。
手の平全体を使い、体全体を撫でます。手の平の温かさを伝えるように、一定のゆっくりとしたリズムで、後頭部から首、そして尾の先まで毛の流れに沿って、長いストロークをします。肩から足先まできたら地面に撫で下ろすようにしてグラウンディングを促します。肩から体側面、臀部から後肢の足先へと進みます。

ケース別ボディケア Case10

スポーツをする前に、ケガを予防するためのウォーミングアップ

筋肉を温め、血流を良くしていこう

運動前には、血液循環を促進してイヌを活発化し、体を温めるウォーミングアップをしましょう。

体が温まり、固有受容感覚が高まることでケガの防止となります。特定の筋肉にマッサージするということではありません。シェーキングで部位全体を揺さぶり、タポートメントで穏やかに刺激を与えます。

尾は体のバランスを取る舵取りの役目をしているため、尾のストレッチも体全体の動きに良い影響を与えます。

どこをマッサージする？

- 前胸
- 尾
- 背中から後躯

ボディケアの実践！

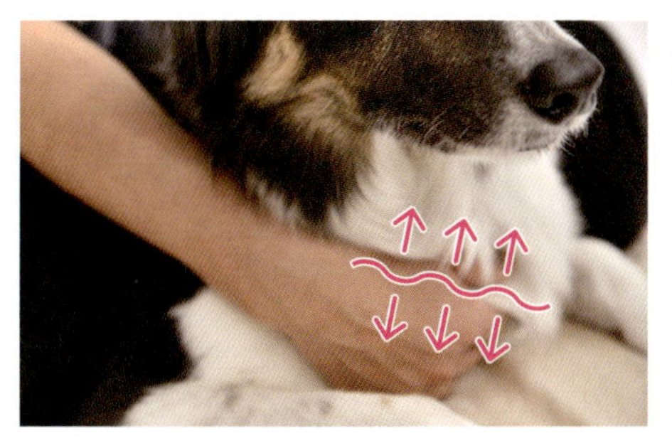

前胸部のシェーキング

手の平全体で2、3秒毎ずつ部位をずらしながら筋肉を揺らすように手を震わせます。

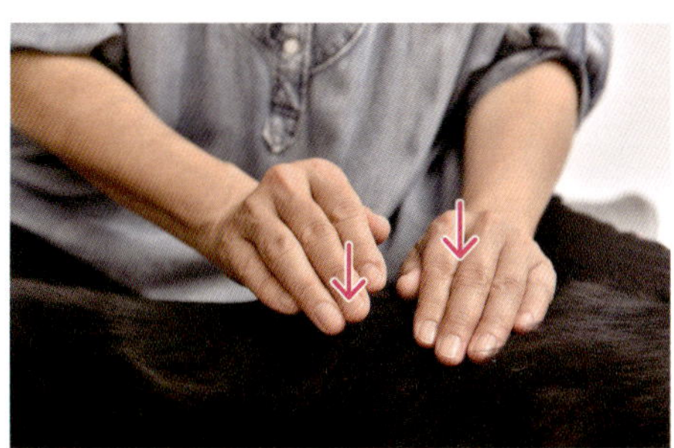

背中・大腿部にタッピング

指先の力を抜き、ごく軽い力でパタパタと打つように動かします。

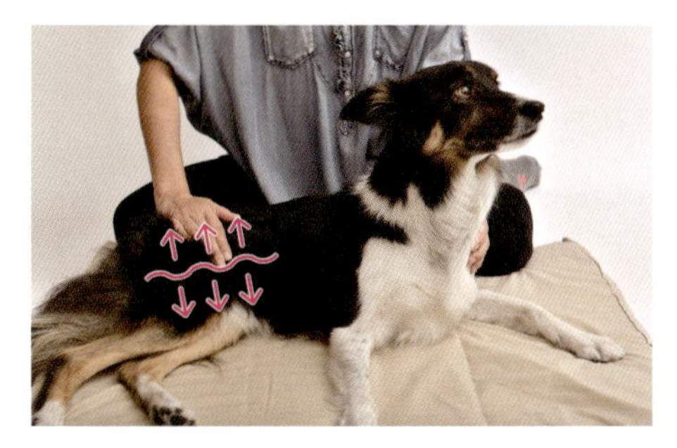

腰、臀部、後肢のシェーキング

手の平全体で2、3秒毎ずつ部位をずらしながら筋肉をブルブルッと揺らすように手を震わせます。

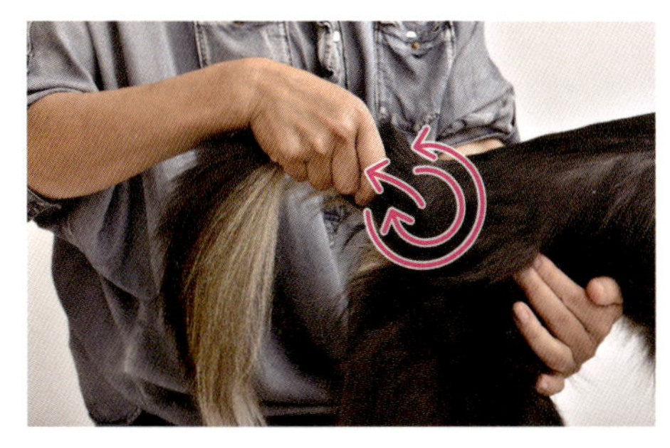

尾のストレッチ

尾の根元を持ち右回りに3回、左回りに3回、そのイヌの尾の可動域範囲内で回す。
次にゆっくりと尾を引っ張りストレッチして、その後、元の位置まで戻します。
注：呼吸に合わせて行なってください。

筋肉の柔軟性を高めるストレッチ

Point!

・関節に負担をかけないように
・地面と平行に動かす
・手には余分な力を入れないように
・深い呼吸を忘れないように
・伸ばし過ぎず、可動域範囲内で

まずは軽いストレッチを何度か行なう

一度のセッションで2,3回行なうと良いでしょう。

マッサージの最後にシェーキング、ストロークを行ないリラックスさせます。

前肢のストレッチ

ストレッチする主な筋肉

僧帽筋、菱形筋、広背筋、頸腹鋸筋、三角筋、上腕三頭筋

★頭の方向に向かって

① 片手は肩甲骨の背縁を支え、もう片方の手は肘の後ろから手根関節まで関節を安定した状態に持ち、ゆっくりと頭側へストレッチします。 最初に何度か小さな動きをして、もしイヌが脚を引き戻そうとするなら、無理に動かそうとせず、その動きに合わせて一緒に手を引き戻します。リラックスを促すよう、優しいストロークを行ないます。イヌが肢を無理なく伸ばすまで根気よく待ちます。

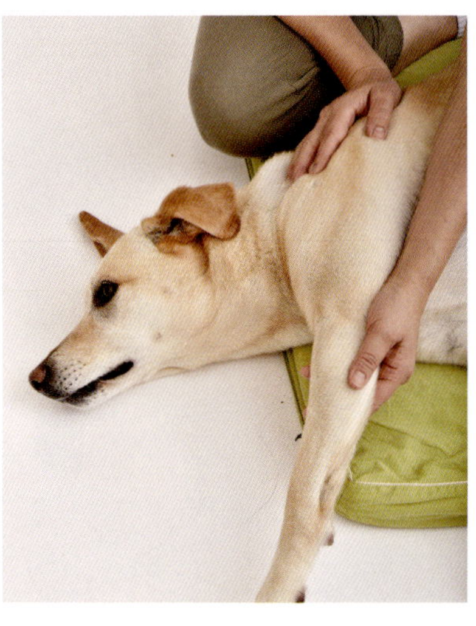

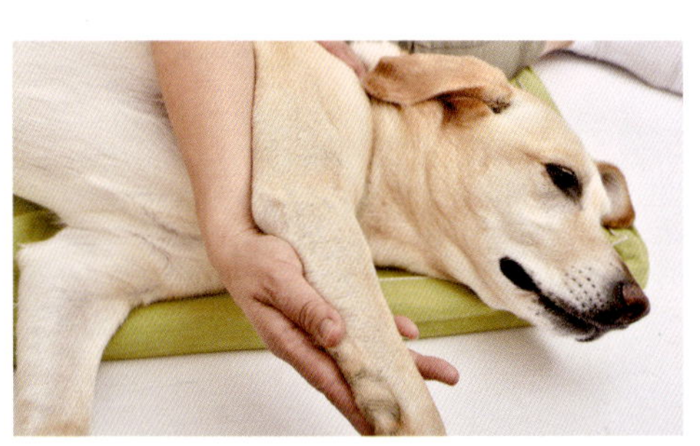

② 無理なくストレッチができたら、イヌの持っている可動域まで肘の後ろを支えながら伸ばし、そのまま約15秒待ちます。そして、ゆっくりと元に戻します。

注：肩甲骨を支えている手はゆったりと支えているようにして、肩の動きを妨げないようにします。

ストレッチする主な筋肉 胸筋、上腕頭筋、上腕二頭筋

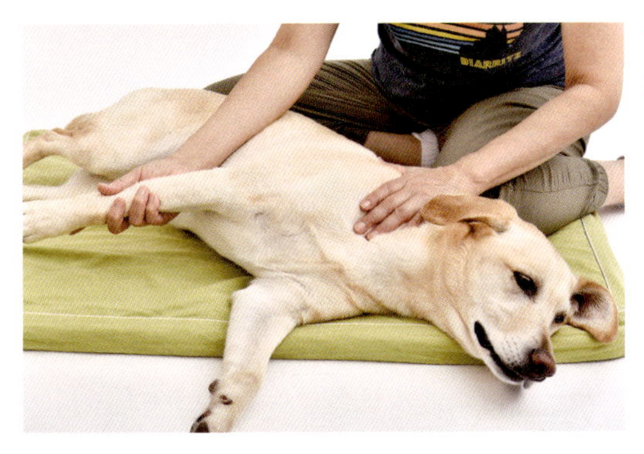

★尾の方向に向かって

③　前肢の頭側へのストレッチが終ったら、手を添えたまま前肢をニュートラルな位置に戻します。そしてそのまま、前肢を尾側の方向へストレッチをします。可動域の範囲を確認し、ストレッチを行ない、約10秒～ 15秒待ちます。

後肢のストレッチ

ストレッチする主な筋肉 大腿筋膜帳筋、臀筋、ハムストリング筋（半腱様、半膜様、大腿二頭筋）

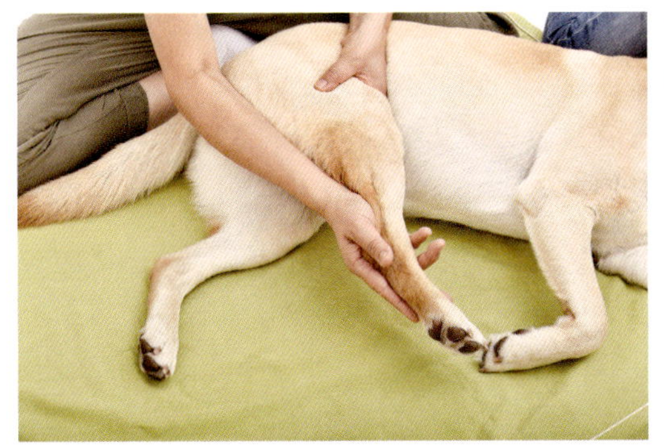

★頭の方向に向かって

①　片手は腸骨の上を支え（大型犬の場合は、大腿骨の上を支え肢が不安定にならないように）、もう片方の手は大腿部から足根関節を持ち、ゆっくりと頭側に動かします。無理なくストレッチができたら、そのまま約１５秒～２０秒保ちます。そして、ゆっくりと元に戻します。

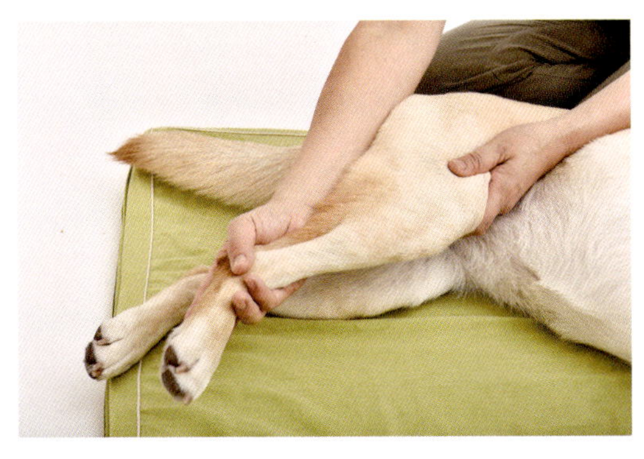

★尾側へ

②　後肢の頭側へのストレッチが終ったら、いったん後肢をニュートラルなポジションにして手は支えたまま、緩ませます。そしてそのまま、後肢を尾側の方向へストレッチをします。可動域の範囲を確認し、ストレッチを行ない、伸びたところで約15秒～ 20秒待ちます。

column

「バランスボール」のススメ

バランスボールとは、もともとは人のリハビリのために考え出されたもの。筋肉を付けていくには最も適していると言えます。バランスボールを運動として取り入れることでイヌにとって多くの利点があります。

イヌは本来、頭を使い身体を動かすことが大好き。しかし都会の暮らしではお散歩道はアスファルトの平坦な道ばかり。デコボコの道を身体のバランスを取りながら歩いたり、障害物を避けたりする機会は少ないですね。

また生まれてから早い時期に親兄弟から離されるイヌも多く、小さなときからイヌ同士で体をぶつけ合いながら、じゃれたりして自らの身体を感じる機会も少ないと思います。

マッサージにより筋肉、靭帯、腱、関節の状態を良好に保ち、体全体のコンディションを整えると同時に、バランスボールでの運動を取り入れ、イヌにそのような機会を与えて、お散歩だけでは培われない筋力、バランス機能、柔軟性、持久力、そしてメンタル面を良好に保つことが良いでしょう。

○超小型犬・小型犬に！

小型犬は家族に安易に抱き上げられてしまう傾向にあり、イヌ自身がしっかりと大地を踏みしめるという感覚が軽減してしまいます。

そのような場合、筋肉が少なく、靭帯や腱で守られている足先の力が弱まり、グリップ力が軽減します。足先の力がないとその上にある膝関節、そして股関節にも影響が出てきます。

また、感情面もすぐ不安になったり怖がるなど行動に影響が出てしまいます。バランスボールを踏みしめたり、前後にバランスを取らせることで足先、足裏の意識を高め、靭帯、腱を強化し、グリップ力を高めます。感情面においてもしっかりと踏みしめる力を付けることで、自信が付き、落ち着きを覚えます。

○超大型犬にも最適！

犬種やその個体により運動の質や量が違います。例えば、超大型犬のグレートピレニーズは、山岳部や野道を歩き、羊の警護などをしてきたイヌ。強靱な体力を持ち十分な運動を必要とします。

さまざまなバランスボールを並べてその上を登ったり降りたりする運動をお散歩に加えて行なわせると、普段は落ち着いたゆっくりとした動作のピレニーズが生き生きと目を輝かせて、身体のバランスをうまく取り、上手に登ったり降りたりするでしょう。

都会ではなかなか十分な運動を与えることができない超大型犬の健康維持にも有効です。

○パピーからシニアまで！

低いバランスボールを転がしたり、踏みしめたりして体のバランスを取りながら、自身の身体の使い方を覚えます。また、バランスボールに付いている突起が身体に触れることで、子犬の身体意識を向上させます。

子犬自身が自身の身体の輪郭を認識することで、情緒が安定します。成犬の時期からバランスボールで筋力の維持、向上ができ、シニアになったときの機能の衰えを遅らせることができます。

イヌは前肢に60~70%の体重がかかっており、歳を取ると足腰の筋力が衰えてきます。歳を取っても一緒にお散歩ができるよう、筋力を付けておきましょう。

バランスボールでは運動の方法により、体の前肢、後肢、体幹の浅層、深層の筋肉を強化することができます。

犬種別ストレス・ポイント

「柴　犬」

▼ストレスがかかりやすい部位：肩、首、膝、足根部

犬種の特性

しっかりとした厚みのある首を持ち上げる首周りの筋肉をリラックスさせます。

後頭部に付着する菱形筋、板状筋、僧帽筋をマッサージします。後頭部をマッサージすることで、目の神経が安らぎ、柴犬がかかりやすい目の病気、角膜炎や白内障を予防する有効性もあります。

皮膚の疾患（アトピー性皮膚炎）を予防するために、深い呼吸を促して副交感神経を優位にする肩甲骨の背縁と僧帽筋の間をマッサージします。ストレスを軽減することがアトピー性皮膚炎の軽減に有効です。ストレスマネージメントのひとつとしてマッサージやプレイズタッチを取り入れてください。

ポイント・ケア

首の上側全体をSEW
首と頭蓋骨後部の間にある、後頭部に付着する項靭帯をスクイーズ
首の上側全体をWES

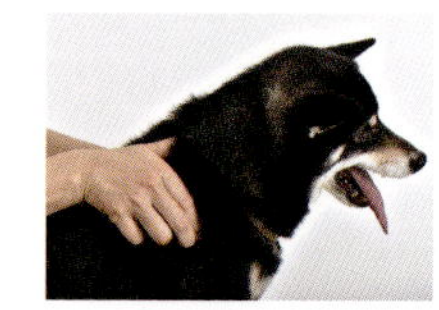

肩甲骨背縁から上腕骨大結節まで肩全体にSEW
僧帽筋と肩甲骨の付着部、肩甲骨の背縁の上側を穏やかにフリクション
肩甲骨背縁から上腕骨大結節まで肩全体にWES

（SEW…S= ストローク、E= エフルラージュ、W= リンギング
WES…W= リンギング、E= エフルラージュ、S= ストローク）

犬種別ストレス・ポイント

「ミニチュア・シュナウザー」

▼ストレスがかかりやすい部位： 側腹部、後躯、尾の付け根

犬種の特性

背中が短く前半身が後躯より発達して腰も短いため、肋骨のすぐ後ろから腸骨までの胸腰筋膜に力が入りやすくなります。側腹部をエフルラージュしてリラックスさせてあげましょう。

断尾をしている場合には、短い尾の根元が緊張することがあるので、尾のストレッチを施します。

ポイント・ケア

側腹部

肋骨の後ろから腸骨にかけての胸腰筋膜、内腹斜筋をエフルラージュをして負担を和らげます。

坐骨の腱から肋骨と胸骨の底部を通る腹直筋にスライディングタッチ（P91参照）もお勧めです。

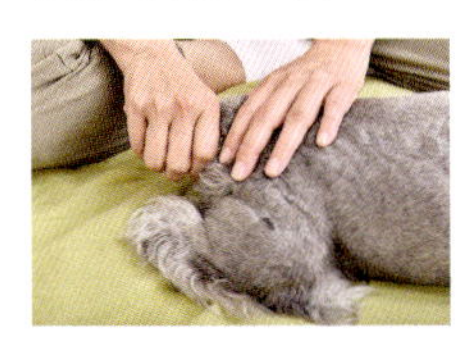

尾のストレッチ

尾の根元を持ち右回りに3回、左回りに3回、その犬の尾の可動域範囲内で回す。

次にゆっくりと尾を引っ張りストレッチして、そのあと元の位置まで戻します。

最後にあったはずの尾の先をイメージしてストロークをします。

「トイ・プードル」

▼ストレスがかかりやすい部位：首、後肢、大腿部、胸部

前肢帯筋の筋肉の種類

- 僧帽筋（そうぼうきん）
- 胸筋（きょうきん）
- 背筋（はいきん）
- 鎖骨下筋（さこつかきん）
- 鋸筋（きょきん）
- 上腕頭筋（じょうわんとうきん）

犬種の特性

イヌには鎖骨がありません。前肢帯筋という体幹と頭を結ぶ筋肉の帯でつながっています。トイ・プードルの高く頭を支える首をマッサージしましょう。

トイ・プードルがかかりやすい病気のひとつとして挙げられる膝蓋骨脱臼、日頃から股関節の屈筋、膝関節の伸筋である大腿筋膜張筋をマッサージしてケアをしましょう。

長い後肢を支えるために力が入りやすい胸郭にエフルラージュ、ニーディングをしてリラックスさせます。

ポイント・ケア

大腿筋膜張筋に沿ってスクイーズ
大腿筋膜張筋は股関節の屈筋、膝の伸筋に影響

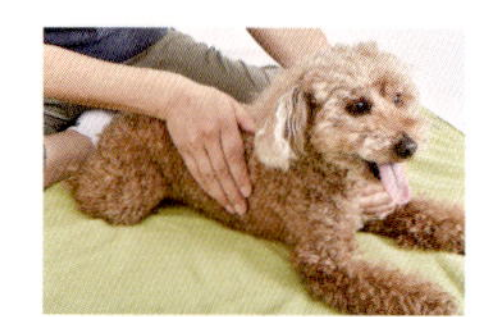

胸郭に沿ってエフルラージュ、ニーディング

犬種別ストレス・ポイント

「ミニチュア・ダックスフンド」

▼ストレスがかかりやすい部位： 首、背中、股関節、後躯

犬種の特性

ダックスフンドは土を掘るとき、上腕骨を後方へ引く役割をする大きく長い広背筋と深胸筋を持っています。

シニアになると足腰の筋力が衰え、後肢をかばって歩くために背中に力が入り広背筋、背最長筋、肋間筋などの筋肉が硬くなってしまいます。

ミニチュア・ダックスフンドがかかりやすい椎間板ヘルニアを予防するためにも、背中の脊椎を守る筋肉群をしなやかに保ちましょう。またプレイズタッチで体の長さを意識させることも大切です。

ポイント・ケア

背中のエフルラージュ
後頭部から尾の付け根まで穏やかにエフルラージュをします。体の長さを意識させます

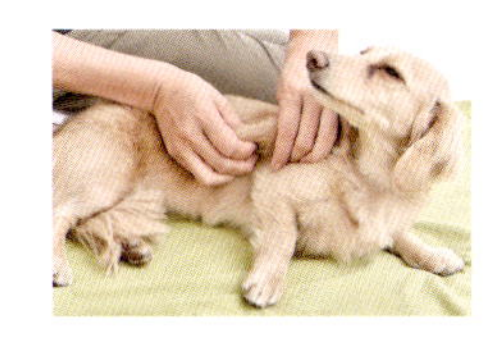

背中全体にスキンローリング
筋膜リリースをして背中の緊張を緩める

犬種別ストレス・ポイント

「ラブラドール・レトリーバー」

▼ストレスがかかりやすい部位： 肩、前肢、背中、股関節周辺

犬種の特性

ジャンプをしたり走ったり！　しなやかな柔軟性を持つ運動量の高いラブラドールにはジャンプの衝撃を吸収する肩、着地をする前肢の足先、走るときによく伸び縮みする柔軟な背中、痛みの出やすい股関節周りを日常のケアに取り入れましょう。

ポイント・ケア

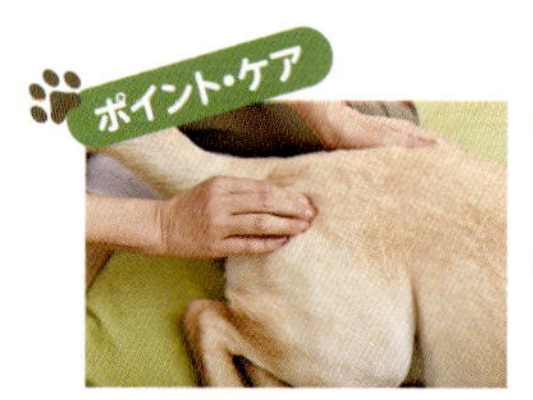

股関節の周りにごく軽い圧で小さなサークルタッチを行なう。
股関節の痛みを軽減します

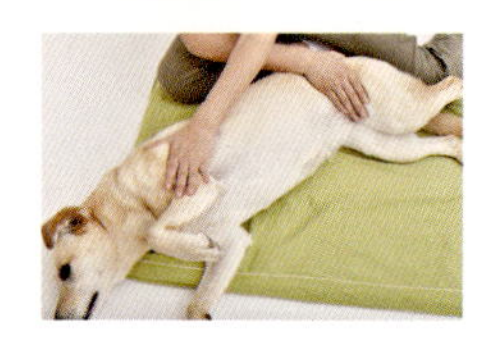

クロスファイバーストレッチ
両手をクロスさせて初めは短く、少しずつ手の間隔を広げていき、体全体の筋膜をストレッチします

犬種別ストレス・ポイント

「ボーダー・コリー」

▼ストレスがかかりやすい部位：首、肩、下腿部

犬種の特性

肩甲骨をよく動かして、体を低めにする体勢をよく取るため、肩甲骨背縁と僧帽筋の境目が緊張することが多い。後頭部の板状筋、僧帽筋、肩甲骨全体にエフルラージュ、ニーディングを行ない、肩甲骨の背縁にフリクションを行ない、凝りを取ってあげましょう。

肩甲骨が上がり気味になりやすいので、脇の上の大円筋をスクイーズして肩を落としやすくしてあげます。また体を低い位置に落とす姿勢は強い体幹、下腿部が必要です。

後肢の膝の下の腓腹筋に穏やかなスクイーズを行ない、筋肉の柔軟性を高め、膝の動きを良くしましょう。腓腹筋をマッサージすることで、後肢に体重をかけやすくなります。

ポイント・ケア

肩全体のSEW、棘上筋、棘下筋のニーディング
肩甲骨の背縁をフリクション、肩全体のWES

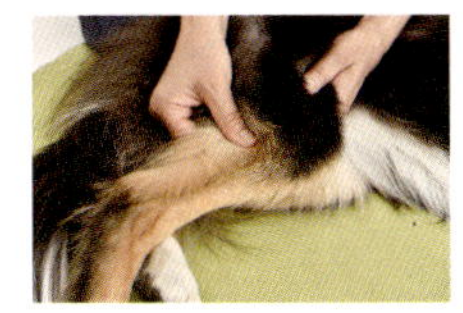

腓腹筋に穏やかなスクイージング
皮膚と筋肉を緩めていきます

おわりに

この本を手に取ったあなたは犬のことを思い、
犬の健康と幸せを望んでいることと思います。
犬との暮らしは私たちにたくさんの幸せをもたらしてくれますね。
尾を振って迎えてくれる喜び、
どんなときにも私たちを見つめていてくれる優しい瞳、
一緒に居ることで、そんな犬の瞳を通して、
たくさんの学びや発見を与えてくれています。
愛に満ちた心を教えてくれます。
そんな犬たちに感謝をし、
今この一瞬の時間を分かち合うことに感謝をしながら、
優しい手で触れ合ってくださいね。
愛情のこもった手は心と体に栄養を与えます。
この本がたくさんの犬と、
犬を愛する方達の役に立ちますように。

"All you need is pair of Hands and Loving Heart."

山田りこ

http://www.iaalp.com/